匠心独运

——西南（唐山）交通大学建筑教育回望

Historical Retrospect of the Discipline of Architecture at Southwest (Tangshan) Jiaotong University

沈中伟　栗　民　主编

U0307449

中国建筑工业出版社

图书在版编目（CIP）数据

匠心独运——西南（唐山）交通大学建筑教育回望／沈中伟，栗民主编. —北京：中国建筑工业出版社，2016.5
ISBN 978-7-112-19364-6

Ⅰ.① 匠⋯ Ⅱ.① 沈⋯ ② 栗⋯ Ⅲ.① 西南交通大学－建筑学－高等教育－概况 Ⅳ.① TU-40

中国版本图书馆CIP数据核字（2016）第077534号

责任编辑：陈海娇 李 东
责任校对：陈晶晶 关 健

匠心独运
——西南（唐山）交通大学建筑教育回望
沈中伟 栗 民 主编

*

中国建筑工业出版社出版、发行（北京西郊百万庄）
各地新华书店、建筑书店经销
北京锋尚制版有限公司制版
北京云浩印刷有限责任公司印刷

*

开本：787×960毫米 1/16 印张：18 字数：300千字
2016年5月第一版 2016年5月第一次印刷
定价：88.00元
ISBN 978-7-112-19364-6
（28649）

西南交通大学建筑与设计学院

《匠心独运——西南（唐山）交通大学建筑教育回望》

主　　编　沈中伟　栗　民

总　撰　稿　杨永琪　周斯翔

撰　稿　人　杨永琪　周斯翔　刘一杰　韩　效　李　路

西南（唐山）交通大学建筑系历任系主任

林炳贤（1946~1948年）

刘福泰（1948~1950年）

徐　中（1951~1952年）

刘宝箴（1986~1988年）

郭文祥（1988~1989年 代理）

刘宝箴（1989~1994年）

陈大乾（1994~1998年）

张先进（1998~2001年）

邱　建（2001~2002年）

西南交通大学建筑学院历任院长

邱　建（2002~2006年）

沈中伟（2006~2015年）

西南交通大学建筑与设计学院院长

沈中伟（2015年~今）

目录 | CONTENTS

从历史中阅读前人的眼光和担当

　　回望西南（唐山）交通大学建筑学科走过的近百年历程，建筑学设系已有70年悠久的历史，恢复设系也已整整30个年头，这是建筑学科发展史上的重要节点。在这个重要的时间点上，尊重历史，回顾过去，实事求是，并从历史中阅读前人的眼光和担当，是一件意义深远的大事。

　　为编写《匠心独运》这部近百年的建筑学办学历史，编写组的老师们以严肃的历史责任，查阅历史书籍，实地访谈，收集素材，开展了大量的史证收集及考察调研工作，撰写出了交大近百年建筑办学中底蕴深厚、英才辈出、筚路蓝缕的历史故事。这里有中国建筑教育的奠基者、中国城市规划教育的布道者、中国景观专业教育的开拓者，有前辈的理想和作为，有曾经的梦想和蓝图，有为祖国建设的责任与担当。这是一部前辈创造的历史教材，也是前辈留下的宝贵财富。书中深度挖掘了前辈们锐意进取、奋发有为的风采与境界，重现了交大学子与国家同艰苦、共患难的坚忍与不拔。在调研、走访及撰写过程中，我们深刻认识到，是历史孕育了交通大学建筑学、城市规划、风景园林互为支撑的优秀学科，是历史成就了今天融建筑、设计、艺术为一体的建筑与设计学院。

　　今天，建筑与设计学科具有跨学科界限的综合性、紧扣时代脉搏的前沿性、顺应社会需求的导向性。2015年，学校面向未来，从长计议，进行了学科调整、改革、重组并新成立了建筑与设计学院，积极研究和探索建筑学、设计学和美术学的学科融合。今后，学院将集思广益，学术强院，坚持学术、艺术、技术相融合的办学理念，推动学院在教学、科研、社会服务等方面的发展，大力推进学院的综合改革，通过改革激发学院活力，提升学校实力。我相信，通过学院全体师生员工的共同努力及学院校友、社会业界的支持和帮助，建筑与设计学院通过五到十年的努力，进一步夯实基础、筑牢优势、开拓创新，办出水平、特色和亮点，把学院建设成为师资雄厚、学科一流、特色鲜明、产学研协调发展、具有国际影响力的高水平学院。

院史编撰工作意义重大而深远，但写作过程繁琐而困难，令人可喜的是在整个院史编写工作中，校院领导、专业老师、退休教职工及校史馆工作人员给予了极大的支持和帮助。他们不辞辛苦、不厌其烦、精益求精，做到史实清楚、表述准确、文风朴实、语言精练，使我院的建筑学科史成为一部高质量的、反映学院水平的精品史册。

建筑系的70年，恢复设系的30年，是一个重要的里程碑。如今，建筑与设计学院成功取得了建筑学一级学科博士点，全面建设完成了学士、硕士、博士人才培养体系。以史为鉴、以史育人，全面回顾总结建筑与设计学院历史发展进程和取得的可喜成就，对于进一步凝练办学理念、弘扬办学精神，谋划未来，全面推进学院建设发展，必将产生重要作用！

唐山交通大学校门，建于交通大学合组成立时（1921年）

跨越三个世纪的西南（唐山）交通大学

西南交通大学创建于1896年，跨越三个世纪，是国家首批"211工程"、"特色985工程"重点建设、首批进入国家"2011计划"并设有研究生院的教育部直属全国重点大学，坐落在国家历史文化名城、现代化国际大都市——成都。前身为山海关北洋铁路官学堂（Imperial Chinese Railway College），是我国近代建校最早的国立大学之一，是我国土木工程、交通工程、矿冶工程高等教育的发祥地，是"交通大学"（Chiao Tung University）两大最早源头之一，以"唐山交通大学"之名享誉海内外，素有"东方康奈尔"之称。

120年来，学校秉持"灌输文化尚交通"的历史使命，弘扬"侥实扬华、自强不息"的精神，传承"严谨治学、严格要求"的传统和"精勤求学、敦笃励志、果毅力行、忠恕任事"的校训，拥有以"五老"（罗忠忱、伍镜湖、李斐英、顾宜孙、黄寿恒）、"四少"（罗河、朱泰信、许元启、李汶）为代表的一大批学贯中西、海人不倦的杰出名师，培养和造就了以中国现代桥梁之父茅以升，中国近代地理学和气象学奠基人竺可桢，世界预应力混凝土先生林同炎，一代水利工程大师黄万里，世界著名经济学家刘大中，中国近代植物学奠基人钱崇澍，建筑泰斗庄俊，"两弹一星"功勋奖章获得者陈能宽、姚桐斌，以及著名科学家林同骅、方俊、张维、严恺、刘恢先、周惠久、庄育智，工程大师杜镇远、赵祖康、侯家源、汪菊潜、龚继成，革命先驱杨杏佛、武怀让、李特，实业家李光前、徐新六、贝祖贻、李国伟、杨裕球等为代表的三十余万名栋梁之才。师生中产生了57名海内外院士、3名"两弹一星"功勋奖章获得者，1933届土木系同一个班中产生了4位院士；恢复高考制度后，我国轨道交通领域当选的两院院士几乎全是我校毕业生。学校在轨道交通领域学科配套最齐全，专业设置最完善，核心资源最充分，在高铁、磁浮、土木、材料等诸多科学领域、工程领域创造了百余项中国第一和世界第一，为民族振兴和国家富强，特别是为我国轨道交通事业的发展和壮大做出了卓越贡献！邓小平同志曾评价："这所学校出了不少人才。有个名叫杨杏佛的，早年参加革命，牺牲后，鲁迅特地写诗悼念他。竺可桢也是这个学校毕业的，创立了'物候学'。还有一位桥梁专家茅以升，中国第一座现代化的钱塘江大桥就是他设计修建的。"

1896年，经津卢铁路总工程师Claude William Kinder（金达）倡议，直隶总督兼北洋大臣王文韶就创办学校一事上奏光绪皇帝获准，山海关北洋铁路官学堂正式成立，北洋官铁路局总办吴调卿出任首任校长。1900年，"中国近代工程之父"詹天佑指导学校学生实习，后以爱校之举和卓越声望被推举为校友会第一届理事。1916届毕业生茅以升长期在校任教并四度出任校长，与学校一生相系。在三个世纪的办学历程中，学校历经八国联军入侵、日军侵华等磨难，于"天下第一关"山海关应世之后，历经五万里跋涉、十八次迁徙，曾先后定名唐山路矿学堂、唐山工业专门学校、唐山交通大学、交通大学唐山工（程）学院、国立交通大学贵州分校、国立唐山工学院、中国交通大学。1951年4月，毛泽东主席应茅以升校长之请为学校题写校名。同年，学校下辖的铁道科学研究所迁入北京由时铁道部管理，发展成为中国铁道科学研究院；1952年全国院系调整，学校的采矿系、冶金系、化工系、建筑系、信号专修科以及土木系水利组、电机系电信组等系科调往中国矿业学院、北京钢铁学院、天津大学、清华大学等高校；1958年开始，又成建制调出部分系科组建兰州铁道学院。1964年，根据中共中央建设大三线的精神，学校开始整体从河北唐山内迁四川峨眉办学。1972年正式定名西南交通大学，1989年定址成都。

如今，学校已形成"一校两地三校区"的办学格局，拥有"镜湖如鉴、竹影横斜"的成都九里校区，"虹桥飞渡、杨柳依依"的成都犀浦校区和世界上唯一一所坐落于"世界文化和自然双遗产"——峨眉山风景区——的峨眉校区，总占地面积约5000亩。学校目前形成了完备的"学士-硕士-博士"培养体系，设有19个学院，75个重点本科专业，15个一级学科博士学位授权点，43个一级学科硕士学位授权点和11个博士后科研流动站；拥有机械制造及其自动化、车辆工程、桥梁与隧道工程等12个国家级重点学科，交通运输、建筑学、电子信息工程等12个国家级特色专业和4个国家级综合改革试点专业。以工见长、理工交叉、医工结合、文理渗透，形成了工科、理科、人文社科和生命学科"四大学科板块"，交通运输工程一级学科排名稳居全国第一，测绘工程与技术、电气工程、机械工程、土木工程、管理科学与工程等学科也名列全国前茅。现有专任教师2600余名，其中中国科学院院士4人，中国工程院院士8人，国家"千人计划"13人，"长江学者"20人，国家杰出青年基金获得者17人，"973"项目首席科学家3人，国家级教学名师6人，国家级和教育部、科技部创新团队9个；还聘请了40余位中国科学院院士、中国工程院院士为兼职教授；聘请了诺贝尔经济学奖得主蒙代尔

（Robert A.Mundell）、泽尔腾（Reinhard Selten）、莫里斯（James Mirrlees），诺贝尔化学奖得主克罗托（Harold W.Kroto），诺贝尔物理学奖得主道格拉斯（Douglas Osheroff）、海姆（Andre Geim）等为名誉教授。

作为中国轨道交通事业发展进程中最为重要、影响最大的一所高等学府，西南交通大学有力支撑了中国轨道交通事业从无到有、从弱到强的历史性跨越，中国轨道交通发展史上的无数个"中国第一"、"世界第一"诞生自西南交大。从詹天佑主持修建的我国第一条自主设计、自主施工的京张铁路，到我国第一条电气化铁路——宝成铁路的建设；从举世公认的地质条件最复杂、工程难度最大的成昆铁路建设，到2006年7月投入运营的青藏铁路建设；从新中国成立后我国第一台内燃机车和电力机车的成功研制，到世界首辆载人高温超导磁悬浮试验车的诞生；从我国第一条万吨重载列车大秦线运行试验成功，到我国第一条载人磁悬浮列车工程示范线的联调成功；从我国所有城市地铁的设计与建设，到著名的杭州湾大桥、东海大桥的建设；从京津城际铁路、武广客运专线，到世界上技术标准最高的京沪高速铁路，以及中国首列车载WiFi……这些成就无不饱含着西南交大人的智慧与心血。

学校立德树人，构建"价值塑造、人格养成、能力培养、知识探究""四维一体"的创新人才培养体系，着力培育一批学术大师、管理精英和行业翘楚以及一大批高层次创新人才，造就有社会担当和健全人格，有职业操守和专业才能，有人文情怀和科学素养，有历史眼光和全球视野，有创新精神和批判思维的"五有"交大人。近年，学校深化实施3项国家教育体制改革试点项目以及教育部专业学位研究生教育综合改革试点项目、"卓越工程师计划"项目和团中央创新试点项目，启用了本科与研究生衔接培养方案，大力加强教学资源建设，构建了"交通天下"通识课程体系；建设了一大批国家级精品视频公开课、国家级就业指导示范课和国家级精品资源共享课，包括国家西部地区高校首门MOOCs课程在EWANT平台上线；世界首门高速铁路MOOCs课程在教育部"爱课程"网中国大学MOOC平台上线。以茅以升学院和詹天佑学院两个拔尖创新人才培养荣誉学院为载体，进行本科、硕士、博士贯通式人才培养。学校编写并出版了《西南交通大学卓越工程师人才培养规范》和《西南交通大学城市轨道交通专业人才培养规范》，成为最早正式出版卓越人才培养规范的国内高校（这两个规范已在80余所高校和40多家轨道交通行业企业广泛推广）。近年来，学校共获得国家级教学成果奖一等奖6项，位居四川省第一、全国第九；2014年新增国家级教学成果二等奖6项，获奖数量和获奖级别位居四川省第一。

学校积极打造第二课堂升级版，大力开展大学生创新创业教育。建设了"Intel-西南交通大学大学生创客活动中心"，以及国家西南地区的首个大学生创客中心，学校发起的"'交通·未来'大学生创意作品征集大赛"为国家级赛事，获"全国高等学校创业教育研究与实践先进单位"称号。获批国家级实验教学示范中心7个，位居全国前列。在校研究生在第八届世界高速铁路大会学生竞赛中战胜麻省理工、柏林工大等竞争对手，获得"高速铁路运营速度的限制因素"单元第一名，为中国学生历届最好成绩。信息科学与技术学院本科生杨川、机械工程学院本科生刘丛志同学先后获得中国青少年科技创新奖；艺术与传播学院研究生钟秋荣获第二十九届中国电视剧飞天奖。

学校同国际铁路联盟、康奈尔大学、伊利诺伊大学香槟分校、慕尼黑工业大学、利兹大学等世界上54个国家和地区的166所高校和科研院所建立了长期合作伙伴关系，是"中美1+2+1"、"中法4+4"、"中欧精英大学联盟（TAMDEM）"中方项目成员之一，是"国家建设高水平大学公派研究生项目"签约院校；与瑞典卡尔斯塔德大学合作共建了学校第一所也是四川高校在欧洲的第一所孔子学院，与利兹大学合作成立了中外合作办学机构"西南交大-利兹学院"。目前，国际合作与交流项目覆盖所有的年级和各个层次的学生。2014年，学校来华留学生增至359人，其中中国政府奖学金留学生219人；出国境交流和访学学生增至341人次，其中国家公派研究生和本科生68人，赴剑桥大学等校开展国际工程实践100余人次。

学校组建了国家首个轨道交通职业教育联盟，并积极投入到商务部对外援助培训、埃塞俄比亚铁路研究院、印度铁道大学等高铁国际化培训与办学项目中。针对轨道交通行业专门技术人才培训，依托"西南交通大学铁路机务培训中心"、"铁路机车司机培训考试中心"和"高速铁路技术培训中心"，组建了覆盖全路18个路局（公司）及其下属站段的培训网络，搭建了"纵向衔接、横向互通"的轨道交通专业技术和高级技能型人才成长立交桥，全国所有的高铁司机都在西南交大接受培训。

依托优势和传统学科，学校建设了以轨道交通国家实验室（筹）、牵引动力国家重点实验室、国家轨道交通电气化与自动化工程技术研究中心、陆地交通地质灾害防治技术国家工程实验室、综合交通运输智能化国家地方联合工程实验室、高速铁路运营安全空间信息技术国家地方联合工程实验室等"六大国家级平台"为代表的近30个省部级及以上科技创新基地，实现了土木、机械、电气、交通运输、测绘等学校传统优势学科国家级平台的全覆盖。其中，轨道交通国家实验室（筹）自2004年起由学校申建，原铁道部投资3个亿，学校多方筹资1.2个亿，于2011年正式启用，是我国西部地区高校唯一的国家实验室。这些堪称全世界轨道交通领域最完整的学科体系和科研基地，必将为中国轨道交通建设和中国高铁"走出去"战略实施提供强有力的创新平台支撑。

学校坚持有计划、有组织地开展有关铁路基础性和关键性技术研究，已在弓网关系、流固耦合关系、轮轨关系、车线桥等技术创新领域取得丰硕成果，在此基础上构建了以世界公认的"沈氏理论"和"翟孙模型"为标志的铁路大系统动力学基础研究体系。主持的京津城际铁路综合科学试验，是我国首次从大系统角度进行的高速铁路综合科学试验，为科学评价我国高速列车、确保武广和郑西线正常运营以及京沪高速铁路的开行提供了重要保障。承担了京沪高速铁路主要基础研究课题，在京沪高速铁路区域沉降、路桥过渡段、京沪景观设计、京沪先导段科学研究试验等方面做出了积极贡献。开展了高速列车科学和技术问题的系统研究，不仅获得了国家自然科学基金委创新研究群体科学基金项目，还获得了全国高校机械领域第一个国家级创新群体——"高速列车运行安全关键科学技术问题研究"创新群体。以高速列车运行安全行为为突破点，系统开展了高速列车轮轨和弓网的动态行为、关键材料的失效规律及机制、流固耦合、脱轨机理等研究，获得了轨道交通领域第一个"973"项目——"高速列车安全服役关键基础问题研究"。全面参与了科技部与原铁道部设立的中国高速列车自主创新联合行动计划项目——"中国高速列车关键技术研究及装备研制"，主导开展了其中基础研究部分的工作，研究成果有力支撑了新一代高速列车A380的研制。除此之外，还获得了下一代移动通信技术领域铁路的第一个"973"项目；承担的国家科技支撑计划项目——"电气化铁路同相供电装置"，研制出了世界上首套同相供电装置；"客运专线供电综合SCADA系统"、"列车运行编图系统"和"客票信息安全保障系统"等一系列成果，支撑着中国铁路向前发展；参与研发的"CRTSⅢ型无砟轨道技术"、"高速道岔技术"、"高铁精密测量技术"和CRH380新一代高速列车，已成为中国高铁"走出去"的主打品牌。还研制成功了我国首辆氢燃料电池电动机车；与南车集团合作研发的中国首台新型中低速磁悬浮列车成功下线；研制成功的"高速列车司机驾驶仿真培训装置"作为铁路3个重大科技成果之一，在2010年上海世博会上展出。2006年至今，学校共获得科技成果奖励100多项，其中包括国家科学技术进步奖特等奖1项、一等奖5项、二等奖11项，以及国家自然科学二等奖1项等共18项国家科学技术奖；2009年、2010年国家科技进步奖获奖数量分列全国高校第七位和第九位；在轨道交通领域取得的重大科技创新成果三次入选"中国高校十大科技进展"。2014年，学校获中国首届民族医药科学技术进步一等奖。

与此同时，学校坚持协同创新，作为核心单位参与了京津冀高端制造共性关键技术协同创新中心，现代服务业协同创新中心、中国-东盟区域发展协同创新中心等各项工作。建设了现代设计与文化研究中心、美国研究中心、越南研究中心、中国高铁发展战略研究中心、性别平等与妇女发展事业研究培训基地。相关团队参与的两项高速列车车体设计在高铁建设中得到运用并获"中国创新设计红星奖"。与康奈尔大学联合成立了"科技与社会创新国际中心"。"歌德及其作品汉译研究"成功申报国家社科基金重大项目。研究发布的中国和世界高校国际化排行榜（URI）影响广泛。

学校不断加大服务社会的力度，与京沪高铁、中国中车等国内知名企业开展全方位合作，与神华集团建立了实质性"战略联盟"关系，与西门子、卡特彼勒、罗克韦尔、成飞集团、中兴通讯、攀钢集团、九洲集团、成都第三人民医院、成都军区总医院，四川省政策研究室、四川省经济与信息化委员会、成都铁路局，以及唐山、常州、盐城、成都、绵阳、乐山、宜宾、资阳、攀枝花、内江等地的政府、企事业单位和地区开展了全面战略合作。建有国家级大学科技园（科技部认定的"国家级科技企业孵化器"）、国家技术转移中心；是国家高速列车产业技术创新战略联盟、国家重载机车车辆产业技术创新战略联盟、四川省北斗卫星导航产业联盟、四川省航空发动机产业联盟等行业产业联盟的成员单位。近年来，学校联合在川的轨道交通行业单位共同组建了"四川轨道交通产业技术研究院",成为四川省首批试点的产业技术研究院之一;创建了第一个汽车零部件及注塑机产业价值链协同平台;规划了四川省成都市、遂宁市国家物流示范城市等30余个物流产业园区,主持制定了《四川省建筑抗震鉴定与加固技术规程》、《成都国家公路运输枢纽总体规划》;制定了成都、广州、深圳、昆明等城市地铁的相关标准与规范,研制的PSCADA系统广泛应用于广州、成都地铁。科技产业集团连续十一年获得四川省校产综合评比一等奖;校办产业在教育部2012年年度考评中首次获评A级,进入全国八强。先后成立了纵贯南北,覆盖京津、"环渤海"、"长三角"和"珠三角"地区的五大研究院(北京、唐山、常州、上海、深圳);建有金融大数据研究院、中国公私合作(PPP)研究院;在国家级天府新区建设了天府新区研究院。建设有西南交通大学附属的成都市第三人民医院。

学校主动对接国家战略,作为副组长单位继续对口支援西藏大学,在推动西藏大学工科和工学院实现从无到有、从小到大、从单一学科到多学科的跨越式发展基础上,在全国率先采用"1+2+1"联合培养模式,同藏大一起联合培养"信得过、留得住、上手快、后劲足"的高水平应用型工程技术人才;与藏大合作建设的"西藏大学工程应用技术学院"正式挂牌,全国首创的"1+2+1"联合培养模式并示范推广,并与西藏自治区人民政府共建该学院;援藏工作的做法和建议得到了俞正声同志亲笔批示,这是国家领导人对学校援藏工作的再次高度肯定。2013年、2014年,学校还与《光明日报》共同成功举办了两届"中国高铁走出去战略高峰论坛",受到海内外社会各界高度关注。

学校不断加强文化与软实力建设,营造优质育人环境。学校图书馆是四川省首批古籍重点保护名单,馆藏最早的有《禹贡锥止》等康熙四十四年(1705年)的图书,还有1908年光绪皇帝御赐学校的《钦定古今图书集成》等珍贵文献。为纪念土木工程系1933届同班的严恺、张维、林同骅、刘恢先4位院士,学校先后举办隆重的纪念活动,在犀浦校区树立了院士铜像。规划建设了校史馆、全国第一个机车博物园,立体彰显铁路、公路、航空、水运、管道运输"五位一体"的"大交通"格局。推动书香社会建设,广泛倡导"经典阅读";图书馆被授予"全民阅读"示范基地称号。《西南交通大学校史》编撰工作和老教授、老校友"口述历史"工作顺利推进,《漫游中国大学——西南交通大学卷》、《走进交大每一天》等校史类书籍相继出版。明诚大讲堂、眷诚大讲堂、扬华讲堂、青年讲堂、研究生下午茶以及国家大学生文化素质教育基地等文化平台竞相亮相，一大批专家、学者、名人相继来校开讲；校园文化活动蓬勃开展，成立了大学生交响乐团——新筑交响乐团，成功举办首届国际大学生文化艺术节。原创校园文化作品深受学生喜爱，其中，微电影《如未相见3》获第二届全国大学生摄影及微电影创作大赛"最佳编剧奖"，微电影《侯实年华》获四川省高校微电影创作大赛"优秀微电影奖"。学校牵头联合川内25所高校发起成立"四川高校新媒体联盟"，荣膺2014年度全国教育系统新媒体宣传综合力十强。

作为轨道交通领域综合实力最优、影响力最强的大学，当前，学校已经构建起了服务"一带一路"、长江经济带、京津冀协同发展，天府新区、成渝经济区、成渝西昆钻石经济圈等国家战略和区域发展战略，以及服务国家轨道交通事业科学发展的学科、人才、科研"三大体系"，正在学校第十四次党代会确立的总目标、总方针、总战略指引下，全面深化改革，推进依法治校，全力实施人才强校、国际化和数字化"三大战略"，大力推进工科登峰、理科振兴、文科繁荣、生命跨越"四大行动计划"，加快推进交通特色鲜明的综合性研究型一流大学的建设，努力提升和彰显百年高等学府的科技创造力、学术竞争力和思想影响力，为实现"大师云集、英才辈出、贡献卓著、事业常青"的交大梦而矢志奋斗！

唐山交通大学校园主要建筑俯瞰

西南（唐山）交通大学的建筑教育

蕴育筹划（1896 ～ 1932 年）
从山海关铁路官学堂到国立交通大学唐山工程学院

大土木工科下的建筑人才培养
The Programme of Architecture within the Engineering Framework Centered on Civil Engineering

鸦片战争以后，大清国遭遇深重危机，晚清中国陷入三千年来未有之变局。天朝中央思虑未来，出路在何方？一场自上而下的洋务运动，以军事变革为发端，以兴办实业为抓手，开启了中国向近代工业文明渐进的帷幕。

中国传统的"科举"制度与教育体系，无法提供近现代工业所需要的技术人才。在容闳的不懈游说下，曾国藩、李鸿章等鼎力支持"幼童留美"计划，从1872年开始连续四年，詹天佑、唐绍仪、邝景扬、梁如浩等120名幼童赴美，接受西方现代教育。日后，他们均成为中国铁路、矿业、政治、法律、外交领域的领袖才俊。

中国的近代工业，数铁路、采矿颇著成效，影响深远。一大批西方技术人员、工程司以高薪引进援华，英国人金达（Claude William Kinder）于1878年加盟李鸿章掌管的开平矿务局，担任承办筑路工程的主任工程司。1881年他主持建造了中国第一条商用铁路——唐胥铁路，并力排众议从一开始就采用四英尺八英寸半（1435毫米）的"准轨"这一日后事实上的国际标准。他在晚清几乎主持了所有的北方铁路，一直担任总工程司。詹天佑、邝景扬两位留美幼童在他的支持和指导下，经过工程实践的锤炼，逐渐成为中国独当一面的工程司。也正是他，深感中国工程技术人员的匮缺，于1893年和1896年先后向李鸿章、胡燏棻等铁路大臣上书，大力倡议大清国创建铁路学堂。直到1896年10月，经直隶总督、北洋大臣王文韶奏请光绪皇帝御批，北洋铁路学堂于当年11月在津榆铁路总局所在地天津举行招生考试，并设校址于山海关，先后有德、英籍洋教习沙勒（Schaller）、史卜雷（E.Sprague）和葛尔飞（D.P.Griffith）在学校担任全部工程课程。这便是如今西南交通大学最早的前身。

对标欧美，土木为先

彼时，铁路是中国最先进的工业，也是最大的土木工程应用。但凡铁路的选线、测量、路基、车站、机车房、水塔、工房、住处等，均需铁路工程司一手计划经办，"十八般武艺"都得会。

在北洋铁路学堂成立时，詹天佑恰好正是津榆铁路总局和关内外铁路总局中层级最高的华人工程司，曾亲自指导了1900年学堂学生赴关外大凌河工地的参观

山海关铁路学堂旧址，摄于1964年

实习，由此与铁路学堂学生以师生相称。这批毕业生5年后由清廷选调参加了当时中国自行投资、不用一个洋工程司的京张铁路。经总工程司詹天佑提请，山海关北洋铁路学堂毕业的徐文泂（ying）、张鸿诰、苏以昭、张俊波等16人，由清政府从开滦煤矿、山西大学和其他铁路单位调拨集中使用。这部分刚从学校毕业不久的工程学生，成为京张铁路数量最多、最有活力的年轻技术人员。最早跟随詹天佑进行选线踏勘测量的就是徐文泂和张鸿诰两个年轻人。

京张铁路除路基桥梁涵洞外，还有水塔11座、机车库5处、养路工房83处、工程车务员役工匠及巡警各住房86处、工员办公室旅馆12处、工厂2处。这些都需要中国自己的工程司们来设计督造。

苏以昭在山海关铁路学堂时学业优异，被派往京张铁路第五工段，设计修建了康庄火车房机车房和水塔，他是中国近代有史可查的最早的工业建筑设计师之一。

1900庚子年间，因义和团引发八国联军攻打京津，山海关铁路学堂被俄军占领，学校校务中断5年。从1903年开始，直隶总督袁世凯先后恢复和重建天津北

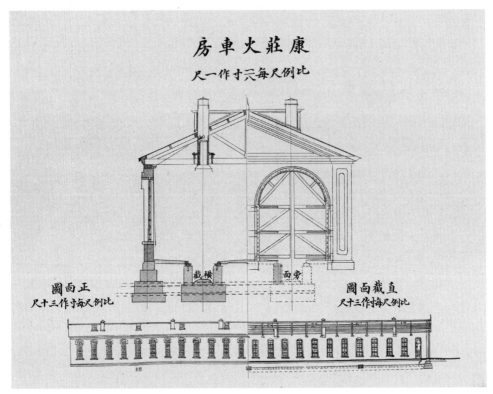

京张铁路康庄火车房设计图（选自苏以昭著《京张路工一班录》）

洋大学堂，铁路学堂移设唐山重建。袁世凯先后派唐绍仪、梁如浩、周长龄、方伯梁、熊崇志等多位留美幼童和留学生"进士"执掌路局，担任铁路学堂、路矿学堂的总办或监督。他们的留学经历和洋务历练以及对海外教育的熟悉，都使得学校从建校伊始便能够站到一个较高的起点。唐山路矿学堂及至民国时期的唐山工业专门学校，由于固有的理念和传统，似乎并不受1904年"癸卯学制"、1912年《学校系统令》等"壬子癸丑学制"的节制，一直坚持本科的四年制，并率先推出和实行现场实习及毕业（报告）论文制度。直到中华民国成立前，学校均由英国、美国的洋教授们担任所有工程技术类课程，并全部使用英文教学。

　　当1909年7月京张铁路刚刚铺轨至张家口、工程尚未竣工之时，唐山路矿学堂甲班及测量队的学生33人便在英籍教授查利（Chatley）的带领下一路随行，现场察看、讲解、测量，他们也参观察看了康庄车房，完成了迄今为止可能是中国高等教育史上最早的一篇实习考察报告，发表在1910年邮传部《交通官报》上，洒洒万言，显示出那时学子的不凡素质。

1911年9月，路矿学堂甲班毕业生28人参加了粤汉铁路招考，在全部录用的28人中，唐山路矿学堂就有23人，一时声名远播，也初步展现了欧美工程教育模式在中国的美好前景。土木工程开启了青年工程师们的建筑梦想。

建筑学家、建筑教育家童寯先生在"中国建筑教育"一文中写道："19世纪中叶以后，中国封建社会逐渐解体，近代工业开始发展起来。兴铁路，开矿山，建工厂，需要土木工程技术和建筑设计人才，中国近代的建筑教育事业就是在这种情况下兴起的。"直到1920年代，土木科一直是中国大学和专门学校最优先发展的学科，社会需求持续增长。当时设有土木科的院校有12所，及至1940年代，设有土木工程系的院校就扩大到37所。

清华大学教授吴焕加先生在《建筑学的属性》一书中，对中国建筑专业人才培养路径的演变有深切的观察。他说，"中国大学早期的建筑教育是在土木工程系中开几门制图课程，无专业之分；后来才有中国的大学在工学院中设立建筑系；再后来，中国出现了建筑学院和建筑大学，美术院校也有了建筑专业"。

西南（唐山）交通大学建筑学百年流变的过程与吴先生的判断大体相若。

西南（唐山）交通大学是中国土木工程教育的发源地，北洋铁路学堂和1905年因庚子战乱而移设唐山的路矿学堂，均为清廷为培养铁路工程人才而着力培植的重要基地，全面引进欧美工科大学体系。1912年民国初创，从唐山铁路学校，到交通大学唐山工程学院，学校于艰难环境中砥砺探索，不断进取，对培养工程

教育总长范源濂对唐校寄予厚望

贝祖诒学长之子贝聿铭

人才不遗余力。学校对土木工程施行大类教育，其课程涉及机械、电气、水利、卫生、房屋及市政，学生的知识面宽、基础牢固、适应性强，早期培养了茅以升、李俨、王节尧、谭真、侯家源、杜镇远、过养默、汪菊潜等一大批高水准的工程技术人才，在近代中国高等工程学府中独树一帜。1916年，在民国教育部举办的全国专门以上学校（即高等院校）成绩展览评比中获得全国第一名，荣膺特等，教育总长范源濂先生特题"侪实扬华"匾以资嘉奖，学校的办学水平获得政府及社会的广泛赞誉。

1911年，不少南方才俊如杨杏佛、茅以升、李光前、李忠枢等，怀抱理想，纷纷北上唐山。他们当中还有一位来自苏州的东吴高材生贝祖诒（字淞孙，注册号414）入校学习土木工科，未及毕业，因家族需要提前进入银行界，后来任中央银行总裁，成为中国著名银行家。他的儿子却对土木建筑情有独钟，国际建筑界独一无二的贝聿铭似乎还是继承了他父亲最初的理想。

建筑课程，渐次开设

学校的土工工科、土木工程学系，主要面向铁路交通培养专门工程人才。但其中的不少课程，均属普通建筑所需的通用训练，有的属于后来划分建筑学教育所包含的绘画、设计课程。这就使得学校所培养的学生具备了基本的、初步的建筑学知识。随着往后个人的兴趣发展和职业机会（包括留学深造），他们就具备了向一个职业或专业建筑师转型的条件。这就不难解释学校在1932年建筑专门教育未分设以前，依然能够培养出一些颇有影响的建筑专才。

据1907年的《山海关内外路矿学堂章程》和1910年的《唐山路矿学堂设学总纲》，当时的"路"（铁路工程）科在高年级即讲授"建筑之经营布置"、"建筑工程"、"道路工程"等课目。另据《交通史总务篇》记载，唐山路矿学堂时期

（1905～1911年）即开设有工程图画（含自在画、器具图画、物形几何画、详细机器图、切体学等）、工厂实习（含模型、木工、铸造之法、机器厂实习等）、材料（含建筑应用各种材料、试验洋灰等）、构造学图画、石工及地基（含石屋砖屋洋灰屋应用、各种材料及建筑方法、阻障水闸等）、商律（含关于工程之法律、订约之例、关于工业之律例等）等与建筑工程相关的课程。

唐山铁路学校及工业专门学校时期（1912～1920年），根据《唐山铁路学校学则》和《唐山工业专门学校学则》所载课程表，学校开设有绘图、工厂实习、屋宇建筑、机械图画、结构学图画、构造图画、构造计画（设计）等与建筑工程相关的课程。

1921年，交通总长叶恭绰合组成立交通大学。大学理工部之土木工科设在交通大学唐山学校，理工部之电气科、机械科、造船科设在交通大学上海学校。唐校土木工科首次在第四学年分设铁路、结构、市政、水利四门。日后成名的赵祖康、杨锡镠等人当时选择了市政工程门，这也是与普通民用建筑最接近的专业方向。交通大学的细分专业教育由此发端。杨锡镠毕业后回到上海，与校友过养默等人合组东南建筑公司，从事建筑设计和营建。他在上海设计了暨南大学、交通大学的校舍、工程馆以及著名的百乐门大饭店舞厅，成为沪上知名的建筑师。赵祖康参加了上海市政规划工作，后来出任上海市工务局长、上海市副市长，主持领导了上海抗战前后的大量市政工程建设。

交通大学解体后，学校在交通部唐山大学（1922～1928年）、唐山交通大学时期（1928年）及第二次合组的交通大学唐山土木工程学院时期，一方面致力于完整的工程学科的建设，曾于1925年计划在唐山大学开设建筑专科（学系），当时正值军阀倾轧之时，维持学校已属不易，扩充计划再遭夭折。所幸学校在铁路工程、结构工程、水利工程、市政工程系科方面的设置保持了相对的稳定性和连续性，并稳步推进。与建筑工程相关的课程，如工程图画、图形几何、金工实习、木工实习、工程材料、工程律例、地图学、地基、石工、构造工程、构造计画、建筑工程、凝土房屋、钢架房屋、市政工程计划、水利建筑等，为学习土木工程的学生打下了坚实的基础，提供了宽泛的知识架构，对他们毕业后从事铁路、道路、水利等工业建筑，乃至市政、房屋等民用建筑提供了必要的训练。有的学生在工作实际中继续学习，加之踏实任事，在1928年南京国民政府成立后迎

唐山交大东西楼学生宿舍，始建于1906年

交通大学唐山学校校门建筑细部

来的中国十年发展建设时期，北平、上海、武汉、广州、杭州等特别市的设立，大量城市道路、工厂、公园、屋宇项目的建设，使他们在各地建设厅、工务局、水利局、公路局等单位能够发挥所学，承担城市区划、工程设计及建筑施工，并因他们在大学时所受到的严格训练以及宽泛的课程范围，比较好地适应了国家和社会对民用建筑工程的急迫需要。

国内最早：叶恭绰校长在交通大学谋划营造科（1921年）

国内建筑史学界通常把省立苏州工业专门学校1923年开办建筑科作为从土木工科分化独立的标志，而交通总长叶恭绰先生在1921年合组成立交通大学时，在唐山学校开设营造科的计划却鲜有提及。这一方面固然是由于历史资料未及深度发掘，也与该计划未能最终实现即告夭折有关。然而，叶恭绰校长的该项谋划，却掀开了交通大学唐山学校日后持续11年之久的、不断提出且执着追寻的建筑学创系大幕。建筑史学界似乎忽视了叶恭绰的远见和追求。

如今海峡两岸的五所交通大学，历史上正是因为叶恭绰的高屋建瓴和苦口婆心，才从分散走向一统，交通大学的名号畅行今往、远播国际，叶恭绰当居首功。

叶恭绰，字玉甫，一字誉虎，广东番禺人，祖籍浙江余姚。父祖辈都是举人、进士。1898年应童子试，以第一名的成绩入府学。1901年肄业于京师大学堂。入仕学馆后，在上海广雅书局任主编评事。后在湖北农学堂、方言学堂、南路高等小学和两湖师范学堂等校任教。1906年入邮传部任职，1912年后担任北洋政府交通部司长、局长、次长、总长等职。

他于1920年12月呈请大总统徐世昌，提出整理交通教育，合组交通部原属北京管理学校、邮电学校和上海、唐山两工业专门学校，成立交通大学。他以交通总长之身份，经由唐文治、张謇、梁士诒等20多位社会名流和工程宿老组成的董事会选举出任校长。他学识宏富，常年在邮传部、交通部任职，主管路、船、邮、电四政，曾因办理交通教育卓有成效受到政府嘉奖；他曾在1918年游历欧美、日本一年，广泛而深入地实地考察这些国家实业交通、文化教育及政治经济状况；1919年回国后又出任中国劝办实业专使，对促进我国交通、实业及文化发展贡献至巨。具备如此的阅历与见识，叶恭绰创设的交通大学自然不同凡响。

早在筹备交通大学之初，对于学科设置，叶恭绰就有近期与远期的整体谋划。一方面，他根据京、沪、唐三地学校原有学科及设备情况，进行整合归并，并提升程度，将经济部各科设于北京，理工部各科设于上海及唐山，专门部各科及特别各班依临时之需要而定。交通大学成立后，其大学理工部之土木工科设在交通大学唐山学校，理工部之电气科、机械科、造船科设在交通大学上海学校。唐校的机械科移归沪校，而沪校的土木科移归唐校，如

交通总长、交通大学校长叶恭绰先生

此，唐山土木益发增强。交通大学也成为当时中国唯一的多校区国立大学，颇似美国加州州立大学系统。

据《叶遐菴先生年谱》记载，为发展交通大学校务，叶恭绰制定了4个方面的措施：增设学科，添设讲座；推广学额，扩充校舍；联络外国大学，改进工程教育；派遣毕业生出洋留学及实习。鉴于当时交通部的财力状况，叶恭绰认为学科设立应采取分步推进、图谋发展之办法。他在《交通大学之回顾》一文中写道：

> 交通大学成立时，所办之学科仅有土木、机械、电机及铁路管理四种，不特未尽大学之功用，即交通事业所需之技术人才，亦未能遍为培植，揆诸时势需要，实有未当，因有增设学科之计划，分年举办，先将交通所需及与交通有关之学科，次第设立，再行斟酌情形，推及其他科目。其业经筹备拟即开办者，有南洋（指交大沪校）之造船及纺织科，唐山之市政及营造科，北京之商业及银行科。所有经费设备教授及学生出路均经分别进行，颇形顺利。

此时的叶恭绰已经跳出交通部部门之所限，放眼中国实业发展之所需，展现了他作为文化教育大家的胸襟与远见。

1921年5月交通大学合组时，叶恭绰校长的构想部分得以实现，交大沪校开办了造船科，交大唐校在土木工科四年级新设了市政工程门。可惜的是，叶恭绰谋划在交通大学唐校发展进程中开办营造科的努力，不久就因为北洋军阀派系的倾轧争夺而告吹。1922年5月，"交通系"遭到清洗，叶恭绰也被迫逃亡日本避难。刚刚开办仅及一年的交通大学被高洪恩把持的交通部饬令分解，京、沪、唐各校复行独立，交大唐校改称交通部唐山大学，沪校亦改称交通部南洋大学。

叶恭绰的大学系科扩充计划虽然遭遇重创，但他所遵循的因国家与社会所需，土木、机械、电机、管理各科之下发展相关专门教育的思想，却深深影响了交通大学后来的走向。叶恭绰校长于1921年提出的在交通大学唐山学校设立营造科的计划，是迄今为止我国高等教育史上有据可查的、最早的建筑教育专设科系计划，也成为学校后来的掌校者孜孜追求的目标，虽然道路曲折、困难重重，却不改初心，执着前行。

在交大唐山学校开设营造科的计划虽然未能迅即实施，但筹划构想已经引起社会，特别是求学者的关注。当时的一些刊物杂志就对交通大学开办营造（建筑）科一事进行了介绍，像《重庆中校旅外同学总会会报》这样针对中学生校友的刊物，就敏锐地捕捉到了新设学科的动向，于1921年9月交通大学开学后的次月发表了"交通大学调查录"。在介绍交通大学之组织时，该文提及"唐山学校设理工部之土木工科，内分铁路工程、桥梁及构造工程、水利工程、市政工程、建筑工程五门"。

在另一篇"交通大学唐山学校调查录"中，当时已经考入唐校的曾洵（重庆中校校友）近距离地对土木工科给予专门介绍："唐校土木工科前三年为学普通土木科应有学识，后一年（即第四学年）又分五门。学生得专择一门或两门，（一）铁路工程，（二）建筑工程，（三）水力工程，（四）市政工程，（五）桥梁及构造工程"。由此可见，交通大学计划在唐山学校开办建筑教育在当时就得以在一定范围传播开来，并引起那些求学深造的中学生们的关注。

虽然矢志未酬，叶恭绰却与中国营造、建筑事业结缘。他在土木科四年级开始分学门（专业）的做法，也深远地影响了学校后来的学科和专业建设。叶恭绰还是1929年朱启钤先生创建中国营造学社、倡领开展中国古建研究的热心而坚定的支持者，他本人亦加入学社并担任理事，与梁思成、林徽因、陈植等相识相知。1936年由他担任主席，在上海发起组织中国建筑展览会，团结建筑业同人，展示业界成果，推动中国建筑事业发展。

就在1921年的那个暑期，交通大学第一次在全国举行统一的招考，来自东北沈阳21岁的满族青年童寯，以第一名考取了交大唐山学校，也就是后来童寯先生时常提及的唐山交通大学。或许是营造科未能开设的缘故，也许是他父亲出于希望其子出国留学的考虑，童寯终究是与唐山交大擦肩而过，进入清华学校高等科。他四年后果然赴美，入宾夕法尼亚大学建筑工程系。

童寯与唐山交大擦肩而过

动荡年代：孙鸿哲校长增设建筑专科计划难产（1925年）

1924年12月，前交通大学董事、京奉铁路机务处长兼唐山制造厂厂长孙鸿哲先生担任交通部唐山大学校长。他到任后在学校本科第四年级分设铁路工程门、构造工程门、市政工程门三个专修科（学系）的基础上，因应社会需要和学校学科发展，于1925年提出了增设建筑专科、水利专科（均为本科4年制）和创设研究实验室的学校扩充计划。

孙鸿哲校长在《增设建筑专科计划书》中写道：

> 我国建筑事业，自古即著声誉。宫室之美，久为世界所称道。惜以积习相沿，视为末技，以致营造学术，湮没不彰。自欧风东渐，西式建筑代兴，而建筑人才之需要，遂与日以俱进。顾建筑为专门事业，不仅需工程学术，尤应具世界美术之思想。我国工科学校虽多，但特设建筑专科者，殆不一见。即从留学欧美者言之，据调查所得，其数亦至欲少。社会之需要，异常迫切，而育才之所，竟无一地。供求之不相应，至堪惊异。且建筑足以代表文化，我国有之建筑，若加以考据研究，亦足以弘扬国粹，驰誉全球。是本校拟设此科之本旨，原不仅为救济社会需要也。

按照孙鸿哲的增设建筑专科计划，预计需要开办费一万元（包括建筑图书室之各项设备五千元、图书模型及其他应用仪器五千元），建筑费一万元，共计二万元。常年经费，包括增聘教授二人一万元、助教二人三千元，补充设备费行政费及推广费七千元，共计二万元。此外，加之增设水利专科和创设研究实验室，孙校长全部扩充计划共需开办费十二万七千元、常年费四万七千元。

当时，国内只有一年前苏州工业专门学校在1923年秋季刚刚开办了一个3年制的建筑科。在国内高等院校土木工科享有卓著声望的唐山交大率先在我国高等工程教育中开办建筑专科（四年制本科性质），本来是值得期待、也是顺理成章的，然而十分遗憾的是，孙鸿哲校长这一颇具远见卓识的计划并未得到政局动荡不安的北京政府批准，以经费困难为由，仅仅是同意了学校在本科中恢复设立四年制水利专科（学系）的计划，创设研究实验室一事也就此搁浅。否则，我国高等建筑专门教育极有可能提早首先在唐山交大启航。

三次出任校长的孙鸿哲先生

在奉系张作霖的控制下，孙鸿哲长才难展，一腔理想终难圆，无奈之下于1926年1月请辞。后来张作霖即派亲信、交通总长常荫槐兼任唐大校长。

孙鸿哲校长早年留学英国，毕业于爱丁堡大学机械系。回国后由叶恭绰派往担任京奉铁路唐山机厂副厂长，并考察唐山、上海工校，参与筹组交通大学，出任大学董事。他三次执掌唐院，均在危急之时。特别是在"九一八"事变之后，唐山工程学院处在抗日最前线，孙院长坚持办学、坚守民族气节，深受师生爱戴。

先辈寻踪

学校在清末山海关北洋铁路学堂培养的近40位学生，成为清末民国初年我国铁路建设的中坚力量；民国早期培养的工程司直接参与从事铁路火车站及机车库、水塔、办公及住房等等建筑的设计与修建；一批毕业生，包括从欧美深造回国的留学生，参加了北伐统一中国后各地的市政、公园、道路和住房建设，如吴国炳1928年自英法留学归国后，便回到故乡湖北主持设计和修建了武汉中山公园；1930年代毕业生张剑鸣主持了南京市中山路的规划和建设。

唐山学校毕业生设计之工厂水塔

在20世纪10、20年代培养出的庄俊、过养默、王节尧、谭真、杨锡镠、吴国炳等人，就是学习土木工科后成功转型建筑师的代表。这一时期的毕业生有的还在20世纪30、40年代国内多所大学的建筑系任教。

1915年毕业的朱神康赴美密歇根大学学建筑，回国后在南京首都建设委员会工程建设组荐任技师，曾在首都中央政治区图案竞赛中获得最高名次，1931年加入中国建筑师学会，1932年开始在中央大学建筑系任教授。

1915年毕业的王节尧，其毕业设计代表学校参加教育部专门以上学校成绩展览评比，获得土木科最高分（与1916年毕业的茅以升的毕业设计一道）。1930年他在青岛胶济铁路任工程师时，设计建造了荣成路17号别墅；1931年又为原燕京大学教务主任、曾任山东大学总务长兼复校委员会主任的周仲岐教授，设计荣成路19号别墅。此两处建筑均为青岛市"八大关"之文物建筑。

1917年毕业的谭真从美国麻省理工学院取得土木工程硕士学位后回国，曾在天津与校友邵从燊等合办荣华建筑工程公司，任建筑绘图工程师，1929年设计了北洋大学工程楼，并于1940年起兼任天津工商学院建筑系教授，1946年创办谭真建筑师事务所，曾任新中国土木工程学会第三届（1962）副理事长。

严复先生的第四子严璿1918年考入学校，从中学预科念起，1924年未及毕业即自费赴美入伊利诺伊大学建筑系留学，后来在新加坡做职业建筑师。

1925年毕业的孙立己在伊利诺伊大学建筑系留学，1928年毕业后先在纽约做建筑师，回国后曾在庄俊建筑师事务所从事设计，又自办孙立己建筑师事务所，1936年兼任上海国际大饭店有限公司常务董事及国际大饭店总经理。

本會民國二十二年度年會到會會員全體攝影

二十二年本會年會記錄

参加1933年中国建筑师年会的唐山校友庄俊（2排右5）、杨锡镠（2排右3）和孙立己（3排左3）

1926年毕业的王华棠留学美国康奈尔大学，归国后曾在母校唐山土木工程学院任副教授，1940年代任天津工商学院建筑系教授。

1932年毕业的唐霭如，于1937年设计了青岛八大关之韶关路32号别墅。

据1931年之中国建筑师学会会员名录，有正式会员39人，其中学校不同时期的校友就有庄俊、朱神康、杨锡镠、孙立己4人。

追寻学校早期学人的足迹，我们对先辈的求学精神和职业奋斗历程充满敬意！

庄俊：公认的中国"建筑泰斗"

庄俊
T.Chuang
1909 年入学所摄，注册号 211

从唐山路矿学堂考取庚款留美习建筑，一生服务中国。
创办第一个个人名号的事务所，以设计银行名闻遐迩。
发起组织建筑师学会，首任会长，建筑泰斗名副其实。

　　庄俊，字达卿，原籍浙江宁波，在上海出生长大。1909年初他先考入上海徐家汇邮传部高等实业学校，即前南洋公学，今上海交通大学。为了早点自立，他想去学可致用的实业科目，特别是土木工程。随即又考取邮传部唐山路矿学堂，在学校的注册号为211。那是庄俊第一次搭轮船赴天津去北京后再到唐山。

　　庄俊家境清寒，但勤奋好学，当时唐山路矿学堂为公费，这使他学习无后顾之忧。唐山路矿学堂当时只设铁路科（土木科）和矿科，均为4年制的本科学制，庄俊在土木科学习了一年，打下了良好的工程教育基础。全英文教学也使他的英语提升很快。1910年夏，经过学校的初试选拔，庄俊由学校送至北京，参加第二届清华学校庚款公费留美考试，一举中榜，他选择赴美国伊利诺伊大学学习建筑工程，从此确定了他终身从事建筑师职业的方向。那年，唐山路矿学堂与庄俊同期考取庚款留美的还有后来大名鼎鼎的竺可桢（注册号229）。由于出国行期紧迫，来不及返回唐山，庄俊就由清廷游美学务处安排从天津乘船到了上海，随即剪辫置装，与当年同批考取的四十多位同学一道，于8月10日出洋。

　　1914年庄俊毕业，清华学校电召他回国，聘任为讲师和驻校建筑师。在庚款赴美的学人中，他是第一位获得建筑工程学学位的人。回国后，庄俊配合美国建

庄俊目光炯炯，立志建筑工程。摄于1910年8月9日

筑师亨利·墨菲做清华校区建设规划和部分设计工作，并且监造大礼堂、图书馆、科学馆、体育馆等建筑，这是我国首批按照现代建筑科学技术建造的近代建筑。除了建筑工程外，他还担任部分英语教学工作，并接受了天津裕大纱厂、天津扶轮中学等建筑设计。

1920年，交通大学筹划设立，庄俊经清华学校校长同意，兼任交通大学专管京、唐、沪工程专员，月薪120元。次年交通大学成立后兼任交通大学工程师，月薪150元，负责设计唐山交大宿舍及北平交大职员办公室。

1923年秋，庄俊率领清华高等科学生赴美留学，他自己也借此机会由清华公派去纽约哥伦比亚大学研究院进修，同时广泛考察欧美大陆各国的新老建筑物。清华学堂出身留美学建筑的，以后名家辈出，庄俊的影响是很重要的。

1924年庄俊回国后有了新的想法。他辞去了在清华学校的职务，回到自己从小长大的上海，于1925年创办了第一家以个人名字命名的"庄俊建筑师事务所"，自行开业达25年之久，直到新中国成立，庄俊被中央特邀至北京工作，先后任交通部华北建筑工程公司、建工部中央设计院和华东工业建筑设计院总工程师，直到1958年退休。

1920～1930年期间，上海的建筑设计业务基本由外国建筑师一统天下，中国建筑师自己开业的建筑师事务所中，能与外商竞争，并且在业务上取得很大发展的还寥寥无几。其中对后来中国和上海的建筑设计界影响最大的当以庄俊为最先。庄俊成立事务所后的第一个业务项目是上海的金城银行大楼，于1928年建成，整个设计有章有法，表现了欧洲文艺复兴时期的建筑艺术和20世纪初期的建筑技术。这个建筑的完成使人们相信，中国人也能设计现代化的、具有高度建筑艺术的大建筑。

金城银行设计的成功使银行家们看到了华人建筑师不比洋人差，尤其是华人银行家更愿意将银行建筑项目交给华人建筑师做，庄俊迎来了建筑创作的好机

庄俊设计的交通银行与上海交大容闳堂

遇。从1920年代中期到1930年代的中期，庄俊还设计了汉口金城银行，济南、哈尔滨、大连、青岛、徐州的交通银行，汉口大陆银行，南京盐业银行，上海中南银行，中央研究院上海理化试验所，上海大陆商场（现名东海大楼），上海交通大学总办公厅和体育馆，上海孙克基妇产科医院（现名长宁区妇产科医院），上海古柏公寓及上海四行储蓄会（虹口公寓）。此外，还设计了一批小住宅、小别墅之类的建筑。

在庄俊的带动和鼓舞下，中国建筑师在上海开设的事务所纷纷崛起，其中比较有声誉的，如杨廷宝、关颂声的"基泰工程司"，赵深、陈植、童寯的"华盖建筑师事务所"，其他如罗邦杰、董大西都是清华学堂出身留美学建筑的。留学欧美、日本的建筑师目睹彼邦建筑事业发达，为振兴中国的建筑事业，他们联络同业，组织团体，于1927年冬正式成立"上海建筑师学会"，推举庄俊为首任会长（以后又多次被选为会长）、范文照为副会长。因会员不限于上海一地，改名为"中国建筑师公会"，各地设分会。为发展壮大建筑师队伍，开展学术研究，1931年改名为"中国建筑师学会"，有正式会员39人，仲会员61人；1935年正式会员发展到55人。从此中国建筑师团结起来，打破了外国建筑师一统天下的局面。

　　1949年10月，中央专程派人来到庄俊事务所，请他去北京参加建设新首都的工作。他毅然结束了苦心经营25年之久的事务所，联合了一批建筑技术人员共50余人开赴北京。他的这一爱国行动，受到周总理的高度评价和嘉勉。周总理亲切地接见了他们，握住他的手勉励他"为社会主义好好干"！61岁的庄俊被任命为我国第一个国营建筑设计机构——交通部华北建筑工程公司的总工程师。1953年初，中央决定成立建筑工程部，该公司改组为中央建筑设计院（即后来的北京工业建筑设计院），他仍任总工程师。1954年，庄俊因年老体弱调回上海休养，后调任华东工业建筑设计院总工程师，直到1958年才光荣离休。

　　庄俊在担任华东设计院总工程师期间因年事已高，休养在家，但他仍念念不忘要为社会主义建设做贡献，潜心编纂《英汉建筑工程名词》一书。庄俊自幼刻苦读书，英语素有根底。他在长期从事建筑设计实践中，深切体会到有必要编一本建筑工程的英汉辞典。在工作期间，他已经做了很多准备工作，搜集了不少资料；在家休养期间集中精力编写，历时4年，始告完成。该书出版后，到1964年已第5次印刷。在书中，他写下了自己的想法，"一个老年人，把他自己的知识和经验传给后代，不管这些知识和经验是精华还是糟粕，让后代人来吸收或批判，这是老年人对青年人的责任，也是青年人对老年人的希望"。

　　庄俊与唐山母校素有联系。在上海临近解放的时候，他的儿子庄涛声在美国留学已到后期，在纽约的英门建筑师事务所工作。该事务所的建筑师阿尔文·英门（Arvin Inman）很器重庄涛声，劝他长期留下工作，而且请他转告庄俊，邀请庄俊夫妇来纽约定居，与英门合作，并表示愿将"英门建筑师事务所"改名为"英门·庄俊建筑师事务所"。庄俊回信除了感谢英门的一片好意外，还谆谆告诫儿子"祖国即将解放，应尽快回国参加新中国的建设工作"。庄涛声听从了父亲的意见，于1950年3月和其他二十几位在外留学的爱国知识分子，经辗转奔波，终于回到了祖国的怀抱。当时庄俊已在北京工作，他对儿子的要求是一不留上海，二不留北京，要他先去一个比较艰苦的地方。遵照父亲的意思，庄涛声到了父亲的母校，当时称中国交通大学唐山工学院，担任建筑系的讲师，沿着父亲走过的道路继续培养新中国的建筑人才。庄俊的母校情怀感人至深，成为学校宝贵的精神财富。

　　1985年，在庄俊从事建筑设计工作七十周年纪念会上，建设部特授他"建筑

庄俊（97岁）与庄涛声（62岁）父子在上海家中，摄于1985年9月

泰斗"荣誉证书。1988年11月，美国伊利诺伊建筑学院应用艺术学院院长麦肯奇教授偕夫人特地来到上海，祝贺庄俊百岁寿辰并授予荣誉证书。

1900年4月25日，庄俊学长在上海逝世，享年103岁。

过养默：创办东南建筑公司，开风气之先

过养默
Y.M.Kuo
1917 年毕业，注册号 484

1925年，他在上海组建了第一个全部
由中国人经营管理的东南建筑公司

　　过养默，字嗣侨，江苏无锡人，生于1895年，6岁起在上海南洋公学外院（小学）念书，为南洋中学第十届毕业生，品学兼优。随即考入唐山，1917年毕业于唐山工业专门学校土木科，成绩优异。他比茅以升晚一届，沿着唐山学校的传统，跟茅以升一样，也是去美国康奈尔大学土木工程系留学，不久又转去哈佛、麻省理工学院深造，于1919年获得硕士学位，随即到波士顿的Stone &Webster电气工程建筑工厂实习。

　　他回国的时候，正赶上叶恭绰合组交通大学，于是便受聘到交通大学上海学校讲授物理，后在交通部南洋大学任副教授。

　　过养默颇有闯劲。1921年3月他与留美同学吕彦直、留学英国伦敦大学土木系的黄锡霖合伙在上海开设东南建筑公司，并任总工程师。当时在上海，外国建筑师事务所也不称建筑师事务所，而名为某某洋行。东南建筑公司不是纯粹的建筑师事务所，公司设有营造部，这是一个由中国人开办的集建筑设计与建造为一体的机构。这家公司后来陆续有黄元吉、杨锡镠、李滢江、裘燮钧、庄允昌、朱锦波等加盟。

　　1925年，上海银行同业公会决定建造一幢大楼，既作为银行票据交易所又作

为银行公会办公用房。东南建筑公司聚集了一批留学归来的建筑师，过养默担任经理。当时吕彦直忙于南京孙中山陵园的投标，由过养默出任上海银行公会建筑师。他根据大楼所处地形条件，建筑布置沿街3层，中间为5层，后部为7层，这样的处理改善了房屋间距和马路空间。底层中央大厅为票据交换处，顶部有弧形玻璃天棚，内部装饰为古典风格。因为这里是上海金融枢纽，过养默在建筑立面上以高达两层柱廊形式表现，很显气派；立面中部五开间设科林斯立柱，西边为壁柱，外墙为假石饰面。二层高的立柱上端设大挑檐，三层上部女儿墙中间设大盾牌图案装饰。从沿街观赏该楼，虽仅有3层，但是给人的感觉是高楼大厦。当年银行公会大楼落成，这是华人建筑师设计的第一个金融机构。

过养默的另一个有名作品是1932年由他设计，1933年由东南建筑公司完竣的南京最高法院。最高法院选址中山路101号，占地面积18924平方米，建筑面积9600平方米，为三层钢筋混凝土结构。

这是一座西方现代主义建筑，过养默对建筑造型有一番独特的构思，无论正视还是俯视均呈"山"字形，寓意执法如山。楼前有一个水池，内设一个圆形喷水塔，寓意"一碗水端平"。门楼高大竖线条装饰并高出女儿墙，两侧女儿墙和中楼竖线条中有装饰图案。中楼内设四层围墙，层层收分，很有韵律。中楼屋顶为玻璃天棚，光线直泻如瀑布。建筑外观虽不豪华，却别具一格。

过养默对教书似乎也有喜爱。他自己职业生涯的丰富经验正可为教学增添案

上海银行同业公会大楼

南京最高法院

前排右起：过养默　薛卓斌　顾宜孙　黄寿恒　孙成
后排右起：汪菊潜　孙立己　侯家源　许照　许元启

例。从1937～1940年，他在担任东南建筑公司经理时还兼任圣约翰大学土木系教授，培养了一批土木工程师。

过养默交游甚广，与唐山、上海交大校友时相往来。1947年他在家中接待母校黄寿恒、顾宜孙教授，以及薛卓斌、侯家源、许照、孙成、许元启、孙立己、汪菊潜等唐山校友，留下一张珍贵的合影。他还与在上海的茅以升同学一道去看望南洋大学老校长凌鸿勋。第二年，过养默移居英国。

在海外，过养默时常参加交通大学同学会的活动，与交大老同学的过往友情给他的晚年带来慰藉。曾经的轰轰烈烈，早已化作人生晚霞的淡然。他曾留下《幽居英伦南部自述》：

> 终年无友常闭关，幸有诗书伴我闲。
> 黄花白兰年年开，青梅红苹续续啖。
> 想见苏杭旧游地，归心动荡不可抑。
> 半生事业早忘怀，垂老益信命数奇。

1974年2月10日，过养默学长在英国寓所无疾仙逝，享年79岁。

杨锡镠：设计上海百乐门一举成名

杨锡镠
S.C.Young
1922 年毕业，注册号 A38

杨锡镠，字右辛，江苏吴县人。1921年他在上海工业专门学校读土木科时，正赶上交通部的四所学校合组成立交通大学。按照叶恭绰校长的学科调整计划，上海的土木科归并唐山学校，而唐山的机械科归并上海学校。就这样，杨锡镠从上海来到唐山，就读大学理工部土木科四年级，注册号A38。当时茅以升担任唐校副主任、交大土木科总教授。

1921年9月开学，校长叶恭绰第一次在唐校大四分设铁道、水利、构造和市政学门，杨锡镠选择市政门并在那里毕业。当时，国内还没有一所大学开设建筑科，市政科的课程有许多与建筑工程有关，如石工、给水工程、凝土房屋、凝土建筑、高等建筑工程等。与杨锡镠同班的还有一同从沪校转来的赵祖康，他日后也成为著名的市政及公路专家。

杨锡镠1922年6月在唐山毕业后返回上海发展。他的机遇不错，正好校友过养默回国创办东南建筑公司，杨锡镠应邀加盟，当上了建筑师，可以好好干一番事业。那时，南京的东南大学（后改为中央大学）为建造校区请东南建筑公司设计，吕彦直、杨锡镠等规划学校总平面，科学馆由杨锡镠设计，这恐怕是他的第一个作品。科学馆占地1748平方米，建筑面积5343平方米，砖木结构，中部4层两翼3层附设地下室。建筑为坡屋面建老虎窗，入口处建大雨棚，用古典柱式支撑，大门为拱券形，大楼中部设东西向的内廊。

1923年，杨锡镠的上海母校交通部南洋大学（今上海交通大学）在校园内建中央体育馆，共3层，2957平方米，底层为游泳池、台球室和浴室，二层为健身房、室内篮球房，三层为室内跑道，建筑外观美丽又简朴。该建筑由杨锡镠担纲设计。

杨锡镠对学校建筑和体育建筑似乎情有独钟，他的校园生活多彩多姿，体育美术摄影样样在行。1925年，杨锡镠与友人一道，在上海北苏州路30号合力创办凯泰建筑公司，主要是承接沪上多所著名学校的规划设计，如暨南大学科学馆等。新中国成立后，杨锡镠出山，参加国营设计院工作，担任技术领导。1958年9月中央为庆祝新中国成立十周年，决定新建人民大会堂、历史博物馆、民族文化宫、北京火车站等十大建筑。杨锡镠那时任北京市建筑设计院总工程师，参加了著名的北京工人体育场设计。这座体育场总建筑面积8.7万平方米，体育场看台围着椭圆形竞赛场而建，分24个单元，可容纳8万名观众，规模之大是空前的。建筑造型上以柱、梁和大玻璃组成的立面，简洁明快，深受大众喜爱。他还领导了北京工人体育馆的设计，参与设计了北京陶然亭游泳场。杨锡镠以他的学识和激情，为建筑生涯再添异彩。

其实，杨锡镠在1930年代就因设计上海百乐门饭店舞厅而在建筑界名声大噪。

北京工人体育场

杨锡镠设计的上海百乐门饭店舞厅（原载于《建筑月刊》1934年2卷4期）

1932年浙江商人顾联承在静安寺田鸡浜购地，投资70万两白银兴建Paramount Hallroom，意味"最高的、最卓越的建筑"，并以谐音取中文名为"百乐门"。此建筑占地面积930平方米，建筑面积2550平方米，高3层，钢筋混凝土结构。底层为商铺，二至三层为舞厅，舞厅中央舞池长40米，宽20.7米，约计800平方米，十分宽敞。舞池设备一流，木地板用汽车弹簧托之，被称为弹簧地板，四周用2寸厚的磨砂玻璃铺成地板，下装灯光反射。二楼可容400座，三楼可容250座，舞客坐在三楼走马廊可看到二楼舞池。三楼还设有供5对舞伴一起跳舞的小型玻璃舞池，并有旅馆部、餐饮部。为了调节空气，在地板四周布通风口，屋顶设通气孔，每10分钟换气一次。建筑外貌采用美国近代前卫的Art Deco建筑风格，建筑转角处下部设大雨棚，顶部耸立圆柱形玻璃灯塔，夜晚华灯初上时显得五彩缤纷。

百乐门营业后名声大噪，杨锡镠也因此出了名，成为中国现代主义建筑的急先锋之一。《中国建筑》1934年2卷第1期专门刊登了百乐门设计作品；《申报》1933年3月21日报道了百乐门动工兴建，称杨锡镠设计了伟大的跳舞场；《时事新报》同年12月15日报道标题更为醒目：《百乐门大饭店今日开幕，匠心独运之名建筑师杨锡镠》，杨锡镠由此在中国建筑史上占有了一席之地。

杨锡镠还有一个作品至今鲜为人知，其实意义非凡。他的前辈校友茅以升主持设计建造钱塘江大桥时，对大桥美观问题极为重视，于1936年3月22日邀请京沪著名建筑师关颂声、庄俊、杨锡镠、董大酉、杨廷宝等到杭州桥址实地研究，对于全桥墩顶及桥面美术建筑的布置各抒己见，纷纷贡献智慧和卓见。后来董大酉对桥墩及公路面美术建筑进行设计，杨锡镠则负责北岸桥头公园的设计。桥头公园西至六和塔，南及江岸，杨锡镠设计的公园至今犹在，成为大桥景观之一。

杨锡镠对建筑学术也倾心投入，他曾放弃设计业务，专职做《中国建筑》杂志的发行人；还当起了《申报》建筑专刊主编。其人生多姿多彩，由此可见一斑。

杨锡镠对南洋、唐山同学会及交通大学同学会的事务也颇为热心，他还为唐山母校建造校友厅积极捐款。

The Programme of Architecture within the Engineering Framework Centered on Civil Engineering

The Westernization Movement ushered in the modern industrial civilization to China in the late Qing Dynasty. Unfortunately, Chinese traditional imperial examination system and education system could not keep up with the pace of development by providing qualified technical talents. Under the Chinese Educational Mission (1872-1881) strongly supported by Zeng Guofan and Li Hongzhang, 120 gifted boys including Zhan Tianyou, Tang Shaoyi, Kuang Jingyang, Liang Ruhao were sent to America for its advanced modern education.

Railway construction and mining were developed fastest, recruiting with highly decent incomes a large number of western technicians and engineers. Claude William Kinder, a British, joined the Kaiping Mining Bureau under the administration of Li Hongzhang in 1878. As the chief engineer, he took charge of the construction of China's first commercial railway - Tang Xu railway in 1881. It was Mr. Kinder who could undoubtedly take credit for the founding of the Imperial Chinese Railway College in October 1896. The awareness of the urgent shortage of railway technicians in China pushed him to submit statements to Railway Ministers Li Hongzhang in 1893 and Hu Yufen in 1896. The Imperial Chinese Railway College held its first entrance examination in Tianjin in November 1896, whose first campus was located in Shanhaiguan. Foreign teachers including Schaller, E.Sprague and D.P.Griffith from Germany or Great Britain took charge of the whole batch of engineering courses at the college.

Vigorous Development of Civil Engineering According to the Western Standards

Railway construction developed very fast at that time in China. The railway engineers should be generalists who could handle the whole procedure of construction including route-selecting, mapping, and constructing the subgrade, station, water tower, workshop , house, etc.

Zhan Tianyou supervised Xu Wenying, Zhang Honggao and some students of Railway College to survey for the route-selection and measurement at Daling River Site in 1990. The graduates in 1900 were appointed by Qing Court to engage in the construction of Jingzhang Railway (from Beijing to Zhangjiakou) which was exclusively invested by China and designed by Chinese engineers

In addition to subgrade, bridges and culverts, Jingzhang Project involved in 11 water towers, 5 garages, 86 maintenance workshops, 86 apartment buildings, 12 office-and-hotels and 2 factories. Su Yizhao who graduated from Imperial Chinese Railway College with high academic performance was one of the very first architects in Chinese railway history. He designed the Railway Garage, workshop and water tower at Kangzhuang Station.

The invasion of the allied forces of the eight imperialist powers led to the closure of Shanhaiguan Railway College in 1900. In 1905, it was transferred to Tangshan and renamed as Tangshan Railway Institute. The zhili governor Yuan Shikai decided to reconstruct Beiyang Railway Academy in Tianjin, appointing a number of eminent young scholars (Tang Shaoyi, Liang Ruhao, Zhou Changling, Fang Boliang, Xiong Chongzhi, etc.) ever supported by the Chinese Educational Mission to take charge of Railway Bureau. Their overseas education and experience guaranteed a high starting point for the later SWJTU. Tangshan Railway and Mining Academy (known as Tangshan Industrial Specialized College during the era of the Republic of China) was set up, which firmly demanded a 4-year undergraduate study, the field internship and project thesis for graduation. All the engineering courses were unexceptionally taught in English by professors from Britain, America or other western countries before the founding of the Republic of China.

In September 1911, 28 graduates of class A from Tangshan Railway and Mining Academy took part in the recruitment examination for Yuehan (from Guangzhou to Wuchang) Railway Project and 23 were accepted. The high employment rate distinguished Tangshan Railway and Mining Academy from other colleges, which also shew the bright prospect of western engineering education system in China. We can say that civil engineering cast a light on the Chinese young engineers' dream

Tong Jun, the famous architect and educationist, pointed out in his article *China's Architecture Education*, "When the feudal society gradually disintegrated the modern industry began to develop in China since the mid-19th century, with an increasing need for engineers of civil engineering or architecture for the operation of railways, mines and factories. Consequently, architectural education developed to satisfy the hunger for talents". Chinese universities and special schools gave priority to the development of the discipline of Civil Engineering, and the number of universities and colleges having the Department of Civil Engineering increased from 12 in 1920s to 37 in 1940s.

Prof. Wu Huanjia of Tsinghua University observed the changes in cultivating

Chinese architectural talents in his book *The Nature of Architecture*, "At first, there were only a limited few courses on engineering graphics within the curriculum for the Department of Civil Engineering in China. Later some universities set up the Department of Architecture in Engineering College. And then, architecture colleges or universities were founded, and the major of architecture was set up in academies of fine arts".

The School of Architecture of Southwest (Tangshan) Jiaotong University develops in a way akin to what the Mr.Wu observed.

Southwest (Tangshan) Jiaotong University is the birthplace of the civil engineering education in China. Beiyang Railway Academy, relocated as Tangshan Railway and Mining Academy due to the 1905 Gengzi War, had introduced the complete education system of engineering colleges from America and European countries. Since then, the university forged ahead and painstakingly explored how to cultivate engineering talents. Students in the university were required to take courses covering mechanics, electrics, hydraulic engineering, sanitation, housing and municipal services, who would thus be equiped with interdisciplinary knowledge, solid academic foundations and strong adaptability. The school trained a group of outstanding engineering talents including Mao Yisheng, Li Yan, Wang Jieyao, Tan Zhen, Hou Jiayuan, Du Zhenyuan, Guo Yangmo, Wang Juqian, etc., becoming a pacesetter for Chinese engineering colleges. It won the first place in the competition of academic achievements among Chinese higher-education universities held by Ministry of Education of Republic of China in 1916. The Minister, Mr. Fan Yuanlian, wrote an inscription of "Si Shi Yang Hua" as an award, which was then borrowed to be the school spirit.

The Gradual Opening of Architecture Courses

The geotechnical engineering and the department of civil engineering were supposed to cultivate engineering talents mainly for railway transportation, but there were some general courses of architecture, such as Painting and Designing. With the broad preparation, it would be easier for the students to pursue their further study abroad or develop their career as a professional architects. That's why the school was able to produce a number of influential architectural talents before Architecture earned its position as an independent discipline or institute.

According to the "Shanhaiguan Road and Mining School Regulations" in 1907 and the "Tangshan Road and Mining School Education Principles" in 1910, the Road Department (or the Railway Engineering Department) provided for juniors and seniors courses such as "Management and Arrangement of Buildings", "Architecture Engineering" and "Road Engineering". According to *The General Articles About Transportation History*, during the period of Tangshan Railway and Mining Academy (1905-1911), the courses related to architecture engineering were set up, such as engineering drawing (including free painting, implement painting, geometric painting, detailed painting of machines, cutting diagram, etc.), field practice (including modeling, woodworking, casting, practice in a machinery plant, etc.), materials (including building materials application, testing cement, etc.), tectonics painting, masonry and foundation (including the application of stone houses, brick houses and cement houses, construction with various materials, floodgate, etc.), commercial laws on engineering, contracting, industry, etc.

During the period of Tangshan Railway and Mining Academy (known as Tangshan Industrial Specialized College during the era of the Republic of China during 1912-1920), the curriculums set in the academy rules included courses such as drawing, factory practice, buildings construction, mechanical drawing, structure drawing, construction drawing, construction design and other courses related to architecture engineering.

The Jiaotong University was set up in 1921 by Ye Gongchuo, chief of the Ministry of Transport. The Department of technology was divided into two parts: civil engineering in Tangshan Jiaotong University; electrical engineering, mechanical engineering and shipbuilding engineering in Shanghai Jiaotong University. The civil engineering of Tangshan Jiaotong University developed into four programmes in the senior year: railway, structure, municipal and hydraulic engineering. The well-known Zhao Zukang and Yang Xiliu were majors of municipal engineering which was close to civil engineering. After graduation, Yang Xiliu set up the Southeast Architecture Company with former schoolmates such as Guo Yangmo in Shanghai. He was actively and fruitfully engaged in many famous architectural projects, including the dormitory buildings and the engineering buildings respectively for Jinan University and Shanghai Jiaotong University, the ballroom of Bailemen Grand Hotel. Zhao Zukang, on the other hand, worked for the municipal planning of Shanghai, serving as the chief of Shanghai Work Bureau and then vice mayor of Shanghai in charge of a number of municipal engineering construction projects before and after the war.

After the disintegration of Jiaotong University, the university went through some changes, from Tangshan University under Ministry of Transport (1922-1928), through Tangshan Jiaotong University (1928) to the reunited Tangshan Civil Engineering College of Jiaotong University. No matter what happened, the university was always committed to the construction of a complete engineering discipline. The plan to set up the department of architecture in Tangshan University in 1925 failed under warlordism. Fortunately, the programmes of railway engineering, structural engineering, hydraulic engineering and municipal engineering effectively kept its stability and continuity, and steadily pushed forward. To prepare the students with solid foundation and broad vision, the department required them to take a wide range of courses including architecture engineering, such as engineering drawing, graphics geometry, metalworking internship, woodworking internship, engineering materials, engineering statutes, cartography, subgrade, masonry, structural engineering, construction planning, construction engineering, concrete houses, steel buildings, municipal engineering planning, hydraulic engineering, etc. In this way would the students be adequately prepared for any work either in industrial construction such as railway, road and hydraulic engineering or civil construction such as municipal building and house building. Some graduates never stopped learning in practice and successfully undertook the great mission to satisfy the national and social need for civil engineering during the 10-year Development of China after the Nanjing National Government was established in 1928. Beiping, Shanghai, Wuhan, Guangzhou and Hangzhou being officially set up as cities, it became urgent to build a large number of urban roads, factories, parks and houses.

Principal Ye Gongchuo's Plan to Set Up Construction Subjects in Jiaotong University (1921)

The setting up of architecture discipline in Suzhou Provincial Industrial Special School in 1923 was generally regarded by architectural historians in China as the landmark of its independence from civil engineering. But in fact, the starting point can be traced back to 1921 when Ye Gongchuo, chief of the Ministry of Transportation, had the plan for construction discipline in Tangshan University when Jiaotong Universities were founded. The following 11 years witnessed the persistent efforts to set up the architecture school in Tangshan Jiaotong University.

According to *the Chronicle of Mr. Ye Xia'an*, Mr. Ye Gongchuo had carried out four measurements: more disciplines and more lectures; bigger enrollment and more schoolhouses; the improvement of engineering education through more cooperation with foreign universities; more graduates to pursue further study or have internship in overseas countries. In view of the financial situation of the Ministry of Transportation, Ye Gongchuo decided on a step-by-step promotion. He said in the article *Review of*

Jiaotong University:

When Jiaotong University was founded, it only had four disciplines: Civil Engineering, Mechanics, Electrical Motor and Railway Management. Jiaotong University may fail to fulfill its prior responsibility of cultivating talents for the development of national transportation if no measurements are not made. With a step-by-step plan, we should first set up some disciplines directly related to transportation. Up to now, we have had a smooth and satisfactory preparation in fundraising, faculty recruitment, graduates arrangement, etc. We are ready to set up six disciplines at the three branches: Shipbuilding and Textile at Nanyang (Shanghai Jiaotong University), Municipal and Construction at Tangshan, Business and Banking at Beijing.

Minister of Transportation Ministry as he was, Ye Gongchuo had also gained an educationist's perspective with which he took the prospect of China's industrial development into an unprecedented consideration.

When Jiaotong University reunited in May 1921, president Ye Gongchuo's blueprint had been partly realized. Shanghai Branch had started Shipbuilding, Tangshan Branch had started the discipline of Municipal for the seniors of civil engineering. Unfortunately, his effort for the discipline of Construction failed because of the faction wars among the Beiyang Warlords. Although Mr. Ye's conception was heavily hit, he is deeply influential with his belief that the professional education of civil engineering, mechanical engineering, electrical motor, and management should be aimed at meeting the need of our national development. In brief, President Ye was the person who first put forward the setting up of the discipline of Construction in China.

President Sun Hongzhe's Failure in Setting Up Architecture Specialty (1925)

In December 1924, Mr. Sun Hongzhe was appointed president of Tangshan College, who set up three disciplines for the seniors: Railway Engineering, Construction Engineering and Municipal Engineering. When the society called for an expansion in 1925, he proposed to establish two 4-year undergraduate specialties: architecture and hydraulic engineering, and to build research laboratories.

In *Plan for Setting Up Construction Specialty*, president Sun said:

Chinese architecture, highlighted by the beauty of ancient palaces, enjoys a well-deserved reputation at home and abroad. But unfortunately, the customary prejudice against architectural craftsmen drowned its development. With Western learning spreading to the East, the gradual popularity of western architecture style in China needs more architectural talents. In my opinion, architecture in this period should involve not only engineering but also fine arts. There are quite a few engineering colleges in China now, but not a single one has the Architecture Specialty. The number of foreign colleges with Architecture Specialty is also very limited. It is really astonishing to see the urgent need for talents can't be met by education institutions. Architecture can represent the essence of a culture, so my proposal is out of a cultural consideration in addition to a relief of the social problem.

As being estimated in Sun Hongzhe's plan for the set-up of the specialty / programme of architecture, the preliminary costs would amount to 10,000 Yuan including the ones for equipment, library, books, models and other appliances and the housing would cost another 10,000 yuan. Operation costs such as 10,000 yuan of remuneration for two specially appointed professors and 3000 yuan for two assistants, and 7000 yuan of administration and promotion fees would total 20,000 yuan. In addition, Mr. Sun planned to establish a programme of hydrologic engineering and research lab. To fully implement Mr. Sun's Expansion Plan, the initial cost would amount to 127,000 yuan and operation one 47,000 yuan.

There was only one specialty/programme of Architecture in China then, which was a 3-year program just established in the summer of 1923. Thus a high expectation was held to set up a 4-year undergraduate program in Tangshan Jiaotong University as Mr. Sun Hongzhe had proposed. Unfortunately, the budget became the reason Beijing authority gave to turn down the insightful proposal. The authority only approved to resume the 4-year program of Hydraulic Engineering. Otherwise, Chinese higher education on architecture would have started several years earlier in Tangshan University.

The Footsteps of Our Predecessors

The 40 graduates from Shanhaiguan Beiyang Imperial Railway College had become the backbones of China's railway construction during the late Qing Dynasty and early Republic of China; the engineers graduating during the early period of

Republic of China directly took part in the designing and construction of railway stations, garages, water towers, offices and houses; a group of Chinese students after finishing their study in some European or American universities returned to China and played an active part in the municipal construction: parks, roads and houses after the reunification. For example, Wu Bingguo, with an education background in England and France, came back to his hometown Hubei in 1928 and presided over the design and construction of Wuhan Zhongshan Park. Zhang Jianming graduating in 1930s was responsible for the planning and construction of Zhongshan Road in Nanjing.

Zhuang Jun, Guo Yangmo, Wang Jieyao, Tan Zhen, Yang Xiliu and Wu Guobing shew us the successful transformation from civil engineers to architects in 1910s and 1920s. In addition, some graduates of this period took the profession of teaching in Department of Architecture in universities in 1930s and 1940s.

Zhu Shenkang graduated in 1915 and pursued a further study on architecture at Michigan University. Upon his return, he was recommended and accepted as a technician in Nanjing capital construction commission. He joined the Architectural Society of China in 1931 and became a professor in the Department of Architecture in Central University in 1932.

Wang Jieyao's 1915 graduation project earned a shared championship with Mao Yisheng who graduated in 1916 in civil engineering category in the national competition for colleges and universities. Working as an engineer of Qingdao Jiaoji Railway, he designed No.17 Villa on Rongcheng Road in 1930 and No.19 Villa on the same road for Dr .Zhou zhongqi in 1931, both of which were listed as cultural relic building at Badaguan in Qingdao.

Tan Zhen graduated from MIT with a MS in Civil Engineering in 1917. He and his friend Shao Congshen jointly established Ronghua Building Engineering Company in Tianjin, and he was the drawing engineer. He designed the engineering building of Beiyang University in 1920, and he also worked as a part-time professor in Department of Architecture in Tianjin Business School from 1940. What's more, he established Tan Zhen Architects Studio, and served as the vice chairman of the third China Civil Engineering Society.

Yan fu's fourth child Yan Xuan was admitted in 1918 as a student for preparatory School. He went to learn architecture at University of Illinois at his own expense before graduating from Chinese Jiaotong University. He moved to Singapore and worked there as a professional architect.

Sun Liji, graduating in 1925, studied Architecture in University of Illinois and worked as an architect in New York after graduation in 1928. After he came back to

China, he firstly joined Zhuang Jun Architects Studio and then started his own studio. In 1936, Sun took an additional position as the managing director and general manager of Shanghai International Hotel Co. Ltd .

Wang Huatang, graduating in 1926, studied in Cornell University. When he came back, he firstly served as an associate professor in his School of Civil Engineering of Tangshan Jiaotong University and then became a professor in Department of Architecture of Tianjin Business College in 1940s.

Tang Airu, a 1932 graduate, designed No. 32 Villa on Shaoguan Road at Badaguan of Qingdao in 1937.

In the namelist of China Architects Institute in 1931, 4 out of the 39 full members were our alumni: Zhuang Jun, Zhu Shenkang, Yang Xiliu and Sun Liji.

We will follow in the footsteps of our predecessors in academic learning and career striving.

唐山交通大学实习工厂外观

宏观大启（1932 ~ 1946 年）
国立交通大学唐山工程学院及贵州分校时期

建筑专业教育的探索与实践
Exploration and Practice of Architectural Education

1928年6月北伐成功，南京国民政府统一中国后，交通部所属三所大学——南洋大学、唐山交通大学、北京交通大学——先后分别改称第一、第二、第三交通大学，均由交通部长王伯群分别兼任校长。1928年8月，交通部对三所交通大学再次实施改组，继1921年叶恭绰之后第二次将三校合并重组为统一的交通大学，王伯群部长兼任校长，第二交通大学改称交通大学唐山土木工程学院，时任院长为孙鸿哲。

1928年10月，国民政府决定增设铁道部，孙中山之子孙科出任铁道部长，交通大学整体改隶铁道部，孙科部长兼任校长。此时，中国各地迎来难得的和平，人们热情高涨，各项建设事业循序展开，孙中山先生的实业计划终于有了实现的机会。各行各业、各省各市对建设人才的需求空前强烈，孙科领导的交通大学也迎来蓬勃发展的"黄金十年"。

李书田院长增设建筑工程学系之计划

1929年5月，留学美国康奈尔大学的郑华博士出任唐山土木工程学院院长；8月，留学美国康奈尔大学、曾任中国工程学会会长的李垕生接任院长。1930年5月，应孙科部长之邀，从美国康奈尔大学获得博士学位归国不久、任职华北水利委员会秘书、北方大港筹备处副主任的李书田从天津到唐山担任唐院院长。一到唐山，李书田院长便高效率地举办了唐山复校30周年的院庆活动，广邀社会各界和历届校友，共谋唐院崭新未来。教育部部长蒋梦麟为交大唐山学院院庆特题贺词——"宏观大启"，表达了对唐院的祝福与厚望。

建筑学系筹划现机缘

李书田时年刚满30岁，风华正茂之际出任久负盛名的唐院院长，雄心勃勃，满腹抱负，一心要将唐院发展成为学科完备的一流高等工程学府。

基于唐山土木工程学院当时的现状，李书田院长将学科扩充、学系增设作为第一要务。他在《对于发展交大唐院之将来计划》一文中，就思考过营造工程学系的问题：

原有之构造工程学门，出路稍狭，晚近房屋建筑需要专门工程师甚切，美国麻省理工学院近特设房屋建设一系，即系应社会之需要。我国现下亦颇需要此种工程师，故拟将本院之构造工程学门，扩充为构造及营造工程学系，但课程方面，仍在构造工程上较为注重。

李书田博士30岁出任交大唐院院长

这是李书田院长根据学校实际情况，结合构造工程学门的调整，又一次提出营造工程学系的增设问题。但此后不久，因要向铁道部提出恢复重设唐院早先因故中断的矿科和机械科，事务繁复，需要与多方沟通。李书田院长花费大量精力，运筹布置，忙于研究筹划这两个学科的恢复增设方案，营造工程学系一事又暂时搁置。

1931年2月，李书田院长呈请铁道部批准同意恢复中断办学二十余年的矿科，采矿冶金工程学系于1931年7月恢复招生。同时呈请的增设机械电机工程学系的计划，却因铁道部鉴于交通大学上海本部已有机械工程学院，决定缓设。

1931年3月4日，交通大学校长黎照寰致函李书田院长，提及建筑科及水利工程门等事，他在信中说：

今日有国际联盟职员数人，到校参观，谈及我校设置，且陈议增设建筑科、水利工程门等。吾人深感经济困难，在此两三年自难计办；惟水利工程门唐院似可于一二年内办到，即请酌议及之，并希惠复为荷！

当时，交通大学三地各院举事纷议，需款甚多，铁道部经费预算相当吃紧。因此，黎照寰校长认为要在上海本部开办建筑科与水利门均不现实，从而建议唐院创造条件先行开办水利工程学门。

1930年代的唐山交大办公楼及图书馆

唐山交大教授住宅

这一提议显然激发了李书田院长的学系扩充热情。一周后，即1931年3月10日，李书田院长主持召开唐院临时院务会议，一方面报告他南下向铁道部和交通大学本部接洽扩充学院事宜经过，并讨论了在唐院添设水利工程学系案。经议决，唐院于民国二十年（1931年）增添水利工程学系，惟规定人数须有五人以上方可开班，与市政卫生工程学系相同。假如两系均不足五人时则改添水利卫生工程学系。依据会议结果，唐院备文呈请交通大学增设水利工程门，拟于暑后实行。4月12日，唐院接到交通大学指令，增设水利工程一门，准予今岁暑假后实行。这年8月，唐山土木工程学院因增设采矿冶金及水利系科，改称交通大学唐山工程学院。这就为往后学校增设更多的学系创造了条件。

对于唐院增设建筑工程学系，国际联盟人士的建议更加坚定了李书田院长尽快推进的决心。

不久，时机出现。1931年12月，孙科部长改任国民政府行政院长，前交通总长、前交通大学校长叶恭绰出任铁道部长。他一直对交通大学唐校的发展倍加关心，寄予厚望。唐院本以土木教育起家，扩充建筑科最具条件。他在十年前合组创办交通大学时，就曾经有在唐院增设营造科的计划，可惜未能如愿。李书田院长亲赴南京拜会叶恭绰部长，当面提及筹设建筑学系的计划，蒙叶部长首肯。此前一年，前内务总长、代理国务总理朱启钤在北平发起并成立了中国营造学社，叶恭绰是该学社坚定的支持者和赞助人。当时，国家正处于建设事业蓬勃发展时期，在叶恭绰看来，由交通大学开办建筑工程学系培育建筑方面的专才，为铁道、交通事业服务可谓正当其时。叶恭绰部长命李书田着手在唐山积极筹划，以应急需。嗣后，李书田院长又向交通大学校长黎照寰建议，并征得同意。于是，筹设建筑工程学系的工作，得以在1932年初实质性地开展起来。

当时的国内高校，只有中央大学工学院在其前身国立第四中山大学于1927年合组时，将苏州工专建筑科并入重组而成立有建筑工程学系。1928年北平大学艺术学院亦设置建筑系，次年因结束中央大学区制，艺术学院改称国立北平艺术专科学校，1930年又划归北平大学，到1934年左右该系停办。梁思成、林徽因先生学成归国后，应东北大学工学院之邀于1928年秋季创办了建筑工程学系，因1931年"九一八"事变影响，撤往北平，教学工作受到一定影响。而广东勷勤大学建筑工程学系来源于广东省立工专自1932年7月暑期开始改组筹设的建筑工程学系，晚于交通大学唐山工程学院。

1932年2月8日，交通大学唐山工程学院由在土木系担任市政、建筑工程方面课程的林炳贤副教授起草拟具了建筑工程学系课程表，提交唐院第三十一次教务会议审议，经修订并顺利获得通过。为了赶上四五月间要拟定的民国二十一年度交通大学之招生计划，李书田院长及时向交通大学上海本部呈文，要求在1932年暑假后添招该系学生。呈文全文如下：

> 建筑工程师，吾国极感缺乏。即以部辖各路，所有厂站房屋及仓库住宅而论，不惟建筑之布置，不尽完善，而外表亦失雅观，且均欠经济，如欲应将来展筑铁路及厂站房屋之亟需，自宜预备专才，以供需要。尝国内各大学，有建筑系者，为东北大学，有建筑工程系者，为中央大学。惟东北大学，一时既不能复课，而中央大学之建筑工程系，又几等于建筑系，而非所需要之建筑工程系。书田前在京沪时，面奉叶部长命，着手规划，在本院添设建筑工程学系，以应需要。嗣复商承校长准予进行，遵即拟就建筑工程学系课程表，并拟于今年暑假后，添设建筑工程学系。按所拟课程，以造就具有土木工程基本训练之建筑工程师，毕业后既能任建筑工程师，复可任土木工程师，更适宜任铁路建筑工程师为宗旨。其建筑工程系之设备，比土木采冶机电各系，所需者较为简单，只须购置中国建筑模型、水彩标本等，所费无多，轻而易举。至于添聘教员一层，预计至建筑工程学系四年级全有时，只较现时增聘建筑专门教授两人，即敷分配，良以本院现有土木工程学系，较为完备，从而添设建筑工程学系，岂惟费少易成，抑且事半功倍。兹已将拟就之建筑工程学系课程表，提经本院第三十一次教务会议议决通过，理合检同课程表一份，具文呈请鉴核备案，并祈准予暑假后，招收建筑工程学系第一年级生，实为公便，谨呈校长黎。

这份呈文，凝聚着李书田院长及林炳贤等教师对铁道部辖下之交通大学，作为工科大学如何培养建筑专才的深入思考和细致考量，与中央大学、东北大学起步不久的建筑教育相较，既非人云亦云，更显独到眼光。

1932年2月22日的《交大唐院周刊》第46期，在头版报道了添设建筑学系的消息，并公布了建筑系四个学年的学程课表。

◎本院添設建築學系

吾國建築工程師，極感缺乏，之沪即以海埠各遊所，有廠站房屋及食宿住它，而倫之不僅緣築之佈設，不臨完善，副外表亦欠整飾，且均欠經濟。如欲點將承歷築鐵路長廠站房屋之政需，則須續建築專才，勃不可緩。李院長前在項建築系部長時，曾提及此，雷面舉業部提命着手規劃。在本院添設建築工程學系，以應需要。嗣復承黎投授，孤子遇行。衆已擬其建築工程學系課程表，提出本院第三十次校務會議，衆經通過，呈報交大，大約今年暑假後，即可添招建築系學生云。

《交大唐院周刊》报道增添建筑学系

建筑学系第二、三年级学程

1932年3月，李书田院长聘定建筑工程副教授兼建筑工程学系主任林炳贤。

建筑学系课程计划与中央大学、勷勤大学之比较

经修订的建筑工程学系四年课程整理见下表：

1932 年交通大学唐山工程学院建筑工程学系分年级课程计划

		一年级	二年级	三年级	四年级
公共及其他基础课部分		＊国文（4） ＊英文（9） ＊微积分（9） ＊高等物理（8） ＊物理实验（2.5） ＊化学分析（3） ＊化学分析实习（3） ＊党义（0） ＊军训（0）	＊经济学（3） ＊军训（0）		
专业课部分	设计课			＊构造计划（3） 建筑图案（3） 内部装潢（3.5）	建筑图案（7.5） ＊钢筋混凝土房屋计划(15) ＊钢铁房屋计划（1.5） ＊都市设计学（3）
	绘图课	＊机械图画（1.5） ＊画法几何（2）	＊绘制地形图（1.5） 透视画（1.5） 徒手画、阴影法、水彩画、模型、素描（3）		＊铁路计算及制图（1.5）
	史论课		西洋建筑史（3） 中国建筑史（2）		
	技术及业务课		＊应用力学（6） ＊材料力学（5） ＊水力学（3） ＊建筑材料学（4） ＊测量学（4） ＊测量实习（4） 西洋营造法（3）	＊机械工程（3） ＊机械工程实习（0.5） ＊电机工程（4） ＊电机工程实习（05） ＊材料试验（1.5） ＊线路测量曲线及土工（6） ＊线路测量实习(3) ＊道路工程学（3） ＊构造理论及桥梁工程（6） ＊钢筋混凝土学（3） 中国营造法（2）	＊石工及基础学（3） ＊铁路设计建筑及养护（5） ＊给水工程及清水法（3） ＊污沟工程及秽物处置（3） ＊铁路站场及终点（2） ＊工程律例（2） 建筑组织学（1） 暖气及通风学（2） 电光及敷设学（2）
	毕业论文				建筑工程研究及自著论文（3）
学分小计		42（0）	43（12.5）	43·（8.5）	41（15.5）

注：括号内数字为学分；带＊课程表示与土木工程学系相同课目上课

建筑学系本科四年全部学分为169学分，包含毕业论文3学分。平均周课时为28钟点，还有每门课程要求自行预习的时间，学习强度非常大。统计显示，与土木工程学系相同课程学分为132.5学分，占全部课程的78.4%；其余为建筑学系自有课程学分。其中，建筑学系一年级与土木系课程相同，二年级有4门自有课程，三年级有3门自有课程，四年级有4门自有课程，当然毕业论文要求也与土木系不同。

20世纪20年代末30年代初期，国内东北、中央等几所大学建筑系的建立，标志着中国开创了较为系统、全面的高等建筑教育事业。交通大学唐山工程学院也在此时为创设具有自身特色的建筑工程学系苦思冥索。

早期的北平艺术学院和东北大学的建筑教育比较重视艺术设计，东北大学还兼重史论；中央大学兼重艺术、设计，技术和史论，勷勤大学比较重视技术和设计。在探索中国高等建筑教育发展的实践中，因主校者的愿景不同、经办者的教育背景各异、学生就业服务的方向差别，各校的探索实践因人、因势而异，百家争鸣，各具特色。

以下是交通大学唐山工程学院与中央大学、勷勤大学的建筑学系课程与学分之比较，明显可以看出其不同的侧重。

交通大学唐山工程学院、国立中央大学工学院建筑学系教学课程比较

		交通大学唐山学院（1932年计划）	国立中央大学工学院（1928年）
公共课部分		国文（1），4 英文（1），9 微积分（1），9 高等物理（1），8 物理实验（1），2.5 化学分析（1），3 化学分析实习（1），3	语言学（1），6 微积分（1），6 物理（1），8
其他基础课		经济学（2），3	经济原理（4），6
设计课		构造计划（3），3 建筑图案（3），3 内部装潢（3），3.5 建筑图案（4），7.5 钢筋混凝土房屋计划（4），1.5 钢铁房屋计划（4），1.5 都市设计学（4），3	初级图案（1），2 建筑图案（2,3,4），12+10+12 内部装饰（4），2 庭园图案（3），2 都市计划（4），2

续表

		交通大学唐山学院（1932 年计划）	国立中央大学工学院（1928 年）
专业课部分	绘图课	机械图画（1），1.5 画法几何（1），2 绘制地形图（2），1.5 透视画（2），1.5	投影几何（1），3 阴影法（1），2 透视法（2），2
		徒手画阴影法水彩画模型素描（2），3 铁路计算及制图（3），1.5	西洋绘画（1,2,3），3+6+6 建筑画（1），2 泥塑术（3），2
	史论课	西洋建筑史（2），3 中国建筑史（2），2	建筑史（2,3），2+4 文化史（1），1 美术史（4），1
			建筑组构（3），2 建筑大要（1），1 古代装饰（2），2
	技术及业务课	应用力学（2），6 材料力学（2），5 水力学（2），3 建筑材料学（2），4 测量学（2），4 测量实习（2），4 西洋营造法（2），3	地质学（1），1 工程力学（2），5 材料力学（2），5 营造法（2），2 中国营造法（3），2
		机械工程（3），3 机械工程实习（3），0.5 电机工程（3），4 电机工程实习（3），0.5 材料试验（3），1.5 线路测量曲线及土工（3），6 线路测量实习（3），3 道路工程学（3），3 构造理论及桥梁工程（3），6 钢筋混凝土学（3），3 中国营造法（3），2	构造材料（4），3 测量（1），3 材料试验（4），2
		石工及基础学（4），3 *铁路设计建筑及养护（4），5 *给水工程及清水法（4），3 *污沟工程及秽物处置（4），3 *铁路站场及终点（4），2 *工程律例（4），2 建筑组织学（4），1 暖气及通风学（4），2 电光及敷设学（4），2	铁筋三合土（3），4 结构学（3），2 工程图案（4），9 土石工（4），3 供热流通供水（3），1 电光光线（3），1 建筑师职务（4），2
总学分		166	152

注：根据国立中央大学编辑《国立中央大学一览》（1928年9月）统计比较
括号内数字为开设年级，括号外数字为学分
带*课程表示与土木工程学系相同课目上课

交通大学唐山工程学院、广东勤勤大学工学院的建筑学系教学课程比较

		交通大学唐山学院（1932年计划）	广东勤勤大学工学院（1933年）
公共课部分		国文（1），4 英文（1），9 微积分（1），9 高等物理（1），8 物理实验（1），2.5 化学分析（1），3 化学分析实习（1），3	英文（1,2,3,4），4+4+4+4 数学（1），4 物理（1），4 微积分（2），4
其他基础课		经济学（2），3	
专业课部分	设计课	构造计划（3），3 建筑图案（3），3 内部装潢（3），3.5	建筑及图案（1），3 建筑图案设计（1,2,3,4），3+8+8+8
		建筑图案（4），7.5 钢筋混凝土房屋计划（4），1.5 钢铁房屋计划（4），1.5 都市设计学（4），3	都市设计（4），4
	绘图课	机械图画（1），1.5 画法几何（1），2 绘制地形图（2），1.5 透视画（2），1.5	画法几何（1），4 阴影学（1），1 透视学（2），2
		徒手画、阴影法、水彩画、模型、素描（2），3 铁路计算及制图（3），1.5	图案画（1），4 自在画（1），3 模型（1），2
	史论课	西洋建筑史（2），3 中国建筑史（2），2	建筑学史（1,2），2+4 建筑学原理（1,2），4+6
	技术及业务课	应用力学（2），6 材料力学（2），5 水力学（2），3 建筑材料学（2），4 测量学（2），4 测量实习（2），4 西洋营造法（2），3	应用力学（2），4 材料强弱学（1,2），2+4 建筑材料及试验（3），4 测量（2），4
		机械工程（3），3 机械工程实习（3），0.5 电机工程（3），4 电机工程实习（3），0.5 材料试验（3），1.5 线路测量曲线及土工（3），6 线路测量实习（3），3 道路工程学（3），3 构造理论及桥梁工程（3），6 钢筋混凝土学（3），3 中国营造法（3），2	建筑构造（3），8 构造分析（3），4 构造详细制图（3,4），4+4 钢筋三合土（3,4），4+6

		交通大学唐山学院（1932年计划）	广东勷勤大学工学院（1933年）
专业课部分	技术及业务课	石工及基础学（4），3 ＊铁路设计建筑及养护（4），5 ＊给水工程及清水法（4），3 ＊污沟工程及秽物处置（4），3 ＊铁路站场及终点（4），2 ＊工程律例（4），2 建筑组织学（4），1 暖气及通风学（4），2 电光及敷设学（4），2	估价（4），2 建筑管理法（4），2 建筑师执业概要（4），2
总学分		169	150

注：根据广东省立工专教务处编《广东省立工专校刊》（1933年7月）统计比较
括号内数字为开设年级，括号外数字为学分
带＊课程表示与土木工程学系相同课目上课

　　交通大学唐山工程学院建筑工程学系4个学年的课程计划，紧扣培养宗旨。修习建筑工程之学生既要学习土木工程学系70%之多的主要科目，又要修习建筑学系科目这在唐院是有相当难度的。因为唐院土木工程系的训练历来十分严格，学生要考进唐院门槛已经很高，且毕业不易，淘汰率甚高。唯有这样才可胜任土木工程师之要求。绘图、设计、史论课程也着眼实际，并不刻意追求过多的美术绘画训练，而着眼于作为建筑师知识体系的基本完备训练。与东北大学、中央大学建筑学系课程相较，交大唐院的建筑学课程明显呈现出偏向技术的体系训练。这是作为以强大工科为支撑的交通大学培养建筑专才的必然选择。

土木工程系建筑学门开启建筑学专门教育

　　考虑到计划中的建筑工程学系课程约有近80%与土木工程系相同，学校自1921年交通大学合组成立时就有在四年级分学门（专业）的传统。为便于资源共享通用、尽快实施建筑学专门教育，几经斟酌，交通大学唐山工程学院对课程计划进行了一些调整，最终确定以在土木工程系分立建筑工程学门的方式，在四年级时由学生选择专业学习，由此正式掀开学校"前赴后继"筹划了11年之久的建筑学专门教育。

这种做法并非个案。清华大学工学院在1935年筹划建筑学教育时，也采用了增设建筑工程组的方式，因为单独设系不易，故附隶于土木工程学系，与土木系原有的水利工程组、道路工程组、铁路工程组、市政卫生组合，共为五组。1940年代圣约翰大学在创办建筑系时，也是先在土木工程系高年级成立建筑组，后来才由建筑组发展为独立的建筑系。可见，在土木系设建筑专业，并进而分化成立建筑系的做法，也是我国开展建筑学专业教育的重要模式，反映出建筑教育与土木工学教育之间的密切联系。而唐山工程学院无疑是一个积极的思索者、探索者和实践者。

调整后的建筑工程学门课程如下表。

交通大学唐山工程学院建筑工程学门课程

		一年级	二年级	三年级	四年级
公共及其他基础课部分		＊国文（4） ＊英文（9） ＊微积分（9） ＊高等物理（8） ＊物理实验（2） ＊化学分析（3） ＊化学分析实习（3） ＊党义（0） ＊军训（0）	＊经济学（3） ＊最小二乘法（2） ＊球面三角（1） ＊微分方程（3） ＊军训（0）		
专业课部分	设计课				建筑图案（10） 钢铁房屋计划（1.5） 都市设计学（3） ＊钢筋混凝土房屋计划（1.5）
	绘图课	＊机械图画（1.5） ＊画法几何（2）	＊绘制地形图（1.5） ＊工程图画（1.5）		＊铁路计算及制图（3.5）
	史论课				建筑史（西洋及中国）（2）

续表

		一年级	二年级	三年级	四年级
专业课部分	技术及业务课		＊应用力学（6） ＊材料力学（5） ＊水力学（3） ＊建筑材料学（4） ＊测量学（4） ＊测量实习（4） ＊工程地质学（4）	＊机械工程（4） ＊电机工程（4） ＊机械实验（0.5） ＊电机实验（0.5） ＊水力学实验（1） ＊材料试验（1.5） ＊测地天文学（2） ＊测地学（2） ＊铁路测量曲线及土工（6） ＊铁路测量实习（3） ＊构造理论及桥梁工程（6） ＊构造计划（3） ＊钢筋混凝土原理（3） ＊房屋营造学（5） ＊道路工程学（3）	高等营造学（3） 卫生暖气及通风设备（2） 电光及敷设学（2） 铁路站场及终点（2） ＊石工及基础学（3） ＊铁路设计及建筑（3） ＊桥梁工程（2） ＊桥梁计划（3） ＊给水工程及清水法（3） ＊污清工程及秽物处置（4） ＊施工记录及管理（2） ＊工程律例（2）
	毕业论文				建筑工程研究及自著论文（3）
	学分小计	42（0）	42（0）	43（0）	49.5（30.5）

注：括号内数字为学分，带＊课程表示与土木工程系各学门相同课程

全部学分为176.5学分，包含毕业论文3学分；平均周课时为28.625钟点。与土木工程学系其他学门相同课程学分为146学分，占建筑系全部课程的82.7%；其余为建筑学系自有课程学分。但是，其他如铁道、构造、市政、水利学门的土木系学生，在四年中都需要学习15门（共计48学分）与建筑工程有关的课程，土木系通有课程中属于建筑工程知识体系训练的课程学分比例几乎达到30%。这样的课程设置与当初李书田院长的创系宗旨如出一辙。

在交通大学1932年的招生计划中，最终向社会公布的是唐山工程学院在土木系分设建筑工程学门。在《国立交通大学唐山工程学院招考男女生简章》中发布信息：

　　　　本院设土木工程学系及采矿冶金工程学系，均四年毕业。土木工程学系更分为铁路工程学门、构造工程学门、市政卫生工程学门、水利工程学门及

建筑工程学门。本届土木系本科一年级新生八十名、采冶系三十名。

与此同时，当年秋季在升入大四的学生中，有李汶等13人专习建筑学门。于是，交通大学唐山工程学院在1933年6月就有了建筑专业的毕业生。除李汶留校任工程图画助教外，其余全部由铁道部分派各路工作。唐院这13人毕业生，与1932年7月东北大学工学院建筑工程学系第一届9人毕业生、1933年第二届7人毕业生，以及中央大学工学院建筑系1930届6人、1931届5人、1932届2人和1933届3人毕业生，共计45人，均属于1930年代初中国

朱颖卓考入土木系专攻建筑门

最早的一批建筑专业毕业生。

关于分门选习情形，1929年考入唐院的第一个女生朱颖卓有过回忆：

到了四年级，土木工程系又细分为铁路、构造、市政与建筑四个专业。我选择了建筑专业，主任教授由林炳贤担任。学习的课程除建筑史与住宅设计外，其他如污水沟渠工程、河海工程、桥梁设计，铁路设计和养护、石工及基础学、工程律例等也都是必修课。学的范围很广，以便可以将来能从事多方面的工作。

这一学年，从1932年9月如期开学后，唐山时局更紧，在人心惶惶之中，我坚持读完了第一学期。这学期还准备了一篇论文，内容是阐述中国古建筑的优美特点，在林炳贤教授的指导下起草完成，为毕业做好了准备。放过寒假，第二学期于1933年2月照常开学，但日军继占山海关之后，又侵入冀东。四月中旬，国民党军队撤至天津。唐山由汉奸殷汝耕和赵雷的伪军接

管，日军飞机常来唐山上空骚扰。学校师生忍无可忍，一致同意暂迁上海，于四月下旬全校师生陆续离开了可爱的唐山母校，在老校友的帮助下，安顿到上海交大食宿，不久就原班恢复上课，按期进行毕业考试。六月间在沪举行毕业典礼。当时同年级毕业的一共还剩六十五人，比在一年级时少了三十人。由于身体及课业跟不上等种种原因而转学、退学或留级者逾百分之三十，淘汰是很厉害的。

　　我经过了四年严格的大学教育，为一生的工作打下良好的基础，确是值得回忆。饮水思源，母校师长精心教育之恩，终生难忘!

　　学校根据建筑学教育所需，在东讲堂二楼开辟了专用的绘图教室，委托中国营造学社定做了数具中国古建筑模型，供研习中国古建筑的精妙之处。绘图教室约占面积1600方呎（约合148平方米），陈列中国宫殿模型多种，如七楹殿、八楹殿、六楹带山墙房屋、七山墙双檐大殿之结构牌楼，各种单层与多层斗栱以及讲授英国建筑之挂图全份。

　　针对学生如何选定门类专业，学校也提出了相应办法。对于四年级学生之分门选学办法，以前由各生自由选择，以致各门人数多寡悬殊，未能平均发展。针对此种情况，学校于1936~1937学年下学期，特提经教议决议应由学院酌予规定，同时并将民国二十六年度招考人数进行分配，计构造门13名、铁路门12名、水利门8名、建筑市政两门各5名。这是学校第一次对学生分门专修予以调节计划，根据需要确定大致名额。

　　每年春假，学生们组队分赴全国各地参观考察实习，城市、古迹、车站、工厂等建筑都成为学生们增进学识的好去处。建筑门的学生自然也不放过任何一个增长见识的好机会。

赴北平观建筑展得梁思成亲授指点

　　1937年2月，中国营造学社在北平举办建筑展览，同学们通过报纸得知消息以后便向学校提出申请。很快，学生从三百里以外的唐山乘火车来到故都。当年的学生吴华庆在校刊《交大唐院周刊》上写下了一篇观后感——《中国建筑展览

唐山交大东讲堂，始建于1906年；建筑绘图大教室设于二楼

交通大学贵州分校教学楼，位于平越县（今福泉市）文庙内，摄于1980年代

会参观记》：

（民国）二十六年二月一日至八日，中国营造学社在平举办中国建筑展览会。我们在报纸上看到这项消息，认为机会难得，想去平参观，经林教授的同意，为我们讲了五个钟头中国建筑。于是我们一行十个人就在车声辚辚中，于六日晚上到达故都，下榻于北平交大。第二日已是展览会期的最后一天了。早晨由我先到万国美术馆展览地点去接洽，才知道他们为我们去参观特地延期一天，盛情可感。遂到营造学社去找梁思成先生，因星期日不办公，留了学校介绍信和名片，约定下午二时前往参观。两点钟到会场，合摄一影，由招待员引了进去。不一会梁先生惠然光临，招呼之后，我们就围绕着他，他开始他的讲词。为简明起见，我把内容的大意，分节列后。（一）建筑可以代表整个历史的变迁。中国的长城、希腊的神庙、法国的凯旋门、罗马的竞赛场，都可以告诉我们这些历史的故事。（二）建筑的必要条件有三：曰实用，曰坚固，曰美观。但一种建筑物能完全合乎前面二个条件，它自然而然会美观。（三）建筑学上有言：Decorate the construction, don't construct decoration。那就是说，装饰不能故意做作，但是在那必须要的结构上，何必不装饰得好看些呢？（四）建筑之美必须忠实，犹人体之健康美。看建筑的美不美，应当先把它外面的遮蔽物去干净，让它一丝不挂的然后去看。（五）每一种中国的建筑，都有一个时代是实用过的，其结构部分也十分坚固，否则木质的建筑物决不能有千余年的生命。它的美观也非常忠实，如屋瓦之瓷，用以御漏，梁柱之漆，用以防朽，所以是一种好的建筑。（六）元朝中国建筑的结构部分，完全是有机体，可是年代愈近，这作用却逐渐衰弱。到清代已有一部分变成完全的装饰品，如斗栱之类，这不能不说是一种退化。（七）中国建筑的构造方法，早就十分完美了，所谓"墙倒房不塌"，和欧美各国最近展的梁架差不多。结论是：完美应该承受祖宗留给我们的产业，取长补短，创造一种合乎时代需要的好建筑。

梁先生是建筑界中一位纯粹的学者，讲的时候，利用就近的照片模型，形容解释，听者无不神往。可惜他在三点钟另有约会，不能多讲。然而我们已经受惠不少了。展览品分三部分：图案、照片和模型，其中以照片为最丰富，照片的排列，以年代为经，别类为纬。最早的建筑物为汉朝的石阙，然后是石窟、经幢、石柱等，藻井（Dome）在照片中也能发现，非常富丽，可惜看不出它的结构方法如何。最久的木建筑是河北的蓟县独乐寺观音阁，建于辽统和二年，距今千余年，可见其坚固。再下去是清宫建筑，以及小式的住宅花园等。照片共计二百零三张，把中国历代各地的建筑物，整个表现出来。摄影于工程的功劳可谓大矣。更有四幅高可及人的大图，大部分是梁夫人林徽因女士上的色，想见他们唱随之情，林女士算是一个贤内助了。另有一幅中国的工笔画，画出来倒是古色古香，但真是费工夫，画的题材，都是营造学社到各处实测出来的宝塔古刹等，这种工作固然能供给研究古建筑物材料，而且于保存古迹发扬文化亦有很大勋绩。国家似乎应当有以鼓励和赞助。模型不很多，比我们学校所有的模型还少几件。大概因为一部分去年运到上海去展览了，一部分没有陈列出来。正中放着慈禧太后陵墓的模型，是纸做的，纸型在建筑界中竟有这样早的地位！一边陈列着营造学社的书籍，其中最名贵的是李仲明的《营造法式》。梁（思成）著的《清式营造则例》，是一部研究中国建筑最基本最实用的书，可惜已经绝版。抄了一点其他出版物的书名，预备建议给图书馆，请他们酌量购置。辞出已经五点多钟，翌晨

1937届学生吴华庆在研习中国古建筑模型

大雪，冒了雪再去看一遍，做一次复习。我们匆匆看了两天，对于这艺术的国粹，有了一面之缘，打破了以前的隔膜，也算不枉此行了。

14年后，吴华庆从美国留学归来回到北京，参加新中国建设，在人民英雄纪念碑兴建委员会工程事务处任副处长，而梁思成先生是委员会副主任、设计处处长，往日师生成了同事。梁思成还邀请吴华庆兼任清华大学营建系教授，一同创办新中国的建筑学会，吴华庆担任副秘书长。北京建筑展览会的一次邂逅，成就了一段建筑界的佳话。

当时还是唐院二年级学生的郑孝燮，留下一张签名照片，送别师兄吴华庆以作纪念。1935年，二十岁的郑孝燮从上海考入唐院土木系，学建筑是他的理想。吴华庆是上海人，为人热情，功课也好，还喜欢摄影，郑孝燮与吴华庆很是要好，同学情谊日渐深厚。当时唐院是在土木系开办建筑门，求知欲旺盛的郑孝燮感到不满足，他渴望学到更多的建筑专业知识。

送别吴华庆后不久，日本蓄意挑衅，卢沟桥事变爆发，中国人民同仇敌忾，与日本侵略者进行了艰苦卓绝的八年抗战。当时，全国正常的教育秩序被打乱，许多学校被迫停办或辗转后方。即将升入大学三年级的郑孝燮，由于久久听不到唐院复课的消息，只得去武汉大学借读，随后再去重庆，出于对建筑的喜爱和追寻名师，他重新在中央大学建筑系念了四年。郑孝燮后来成为中国著名的城市规划专家，曾任建设部规划司总工程师、中国城市规划设计研究院高级顾问、国家历史文化名城专家委员会副主任、《建筑学报》主编、全国政协委员，一生致力于城市历史文化、中国优秀自然与文化遗产的保护工作。

2016年1月，在获知唐山母校成立了世界遗产国际研究中心后，郑孝燮学长十分高兴，他说："有这个中心很好，我非常支持！遗产保护，在这方面是需要专门人才。既

郑孝燮学生时代在唐山交大完成建筑绘图

要懂得历史，也要懂得现在，结合起来才能做好保护。"

"以造就具有土木工程基本训练之建筑工程师，毕业后既能任建筑工程师，复可任土木工程师，更适宜任铁路建筑工程师为宗旨。"李书田院长对于交通大学抑或交大唐院要培养什么样的建筑工程师，有着独特的理解。作为国立大学、其毕业生概由铁道部分发任事，主要从事铁路交通及工矿事业，这样的培养目标显然有着鲜明的特性，这是站在国家需求，依靠交通大学强大的工科力量，积极探索的一条复合型建筑工程专才培养模式。这一思想在相当长的时间深刻地影响了唐院对建筑专业人才的培养模式与侧重。

卢沟桥事变阻隔了郑孝燮在唐院的学业

辗转湘黔川抗战建国下的建筑学教育

1937年7月7日，卢沟桥事变爆发，日军开始全面侵华。地处华北的唐山首当其害，7月17日校园被占，师生流离失所。在广大唐山校友的倾力支持下，1937年12月15日在湖南湘潭湘黔铁路局所在地，国立交通大学唐山工程学院复课。次年2月，刚刚完成钱塘江大桥建设、又不得不将其炸毁的茅以升，在危难中再返母校出任院长。此时唐山工程学院只设土木、采冶两系，不久教育部令北平铁道管理学院并入唐山工程学院，增设铁道管理系。因人数增加校舍难敷使用，于5月迁往湘乡杨家滩。年底因长沙告急，学校再次迁往贵州省的一个小山城平越县，将孔庙作为礼堂、教室和办公室，将科举"考棚"作为学生宿舍，在昏暗的桐油灯下研修夜读，在艰苦卓绝中举办战时教育。1942年1月学校改名国立交通大学贵州分校。

这一时期，学校的办学条件与在唐山时期相比差了很多，但不愿做亡国奴的青年学生倍加珍惜学习机会，在后方求学十分刻苦，教师与学生甘苦与共，教学相长，续写了学校八年抗战期间培养出10名院士的新传奇。

土木工程系是工程教育的重要部分，也是培养战时、战后建设事业技术人才的大本营。考虑到现实条件和需求，学校对相关教学计划作出了部分调整。前三年的课程中，已经包括工程画、投影几何（一年级），力学、材料力学、建筑材料、工程地质、工程图画（二年级），构造理论、钢骨混凝土、营造学、给水工程（三年级）等11门建筑工程范畴的课程。四年级时虽然不再区分铁道、市政、水利、建筑等专门，但要求必须学习石工基础、钢骨混凝土房屋设计、铁路建筑、污沟工程、都市计划、工程律例等11门专业技术课，取得37个学分。在此基础上，设置了一个包括多个专业方向的"课程库"，计有高等构造理论、高等营造学、拱桥计划、铁路站点、卫生工程计划、建筑史、建筑图案、建筑理论、水力工程、水力机械、高等水力学、水利工程计划、暖气及通风、灌溉排水、水文计算等16门，要求学生上、下两学期都须修读"课程库"，满6学分才能毕业。这种模式就为学生提供了多种选择的可能，可以按照个人兴趣去发展。学生仅第四学年学分就达49个，另有毕业论文3学分，总计52学分，具有相当的学习量要求。

佘畯南之大学毕业证书（现藏于西南交通大学档案馆）

1941年7月毕业的佘畯南跟随林炳贤教授学习了不少建筑学课程，并最终成为中国著名建筑师、岭南派建筑的代表人物之一。

师资队伍与学术创新

建筑工程教育技术基础的力学、结构和测量，学校一直具有相当高的教学水准。罗忠忱、顾宜孙、伍镜湖等主持教学数十载，千锤百炼，精益求精，在民国时期一直保持着工程学府的一流领先水准。盖源于工程教育的基础打得扎实，建筑专业的力学、结构训练按土木系学生一样进行，相当严格，这常常使得唐山工程学院建筑毕业生的技术功底高人一筹。

林炳贤从1929年开始担任建筑工程方面的好几门课程，是建筑专业、建筑系的核心教授，直到1948年底返回香港，任教二十载，堪称唐院建筑教育的掌门人。

朱泰信自留学英法回母校任教后，率先在国内大学讲授城市规划，影响甚大。胡树楫在抗战岁月中由同济转来交大，主讲市政卫生与都市计划。

罗忠忱

主持唐院力学。早年先后入天津水师学堂、天津中西书院和北洋大学（机械系）求学，1906年由北洋官费留美，入康奈尔大学，1910年土木系本科毕业后入研究院，1911年获得土木工程师学位。自1912年从美国学成归国后，直到1952年退休，一直主持应用力学及材料力学课程，是中国大学中教授力学时间最长、声名卓著的教学名家。他历任土木系主任、教务长，曾两度任学校校长，对学校教风、学风的养成贡献巨大。在唐院学习建筑的学生都接受过他严格的训练。被誉为"唐山五老"之首。

顾宜孙

"唐山五老"之一，主持唐山结构力学。毕业于上海工业专业学校，自1922年从美国康奈尔大学学成归国后，直到1960年代退休，一直主持结构课程。顾博士学识渊博，具有犀利的学术眼光，学校能够培养出众多结构方面的杰出人才，顾宜孙贡献最大。在唐院学习土木建筑的学生都接受过他严格的基础训练。

伍镜湖

"唐山五老"之一。从美国学成归国后，自1915年起一直在学校主持测量和铁道方面的课程，他的测量教学和野外实习是唐院学生最为向往的课程。测量是工程的基础，在唐院学习建筑的学生其测量知识和技能都相当扎实。

胡树楫

早年毕业于同济医工，后留学德国柏林工科大学土木系。回国后曾任上海市工务局技正、科长，在上海市中心区域建设委员会担任秘书，董大酉、王华彬、刘鸿典等都在这个机构工作，1934年登记为土木科工业技师。后在他的母校同济大学任市政工程教授。1942年8月转任交通大学贵州分校教授，讲授公路、给水工程、都市计划、卫生工程等课程。

林炳贤：交大唐院建筑学教育的"掌门人"

　　林炳贤先生是广东惠州人，生于1900年。幼时在香港读小学中学一贯制的圣保罗男书院（St.Paul's College），教学除国文外全用英语。1918年他在香港毕业，随后入美国俄亥俄大学土木工程系学习，1922年获建筑工程师学位（比硕士多读一年）。他先在美国港省卡氏工程顾问所任助理工程师，回国后在天津任林泰工程公司工程师，天津英工部局注册卫生工程师。在林泰工程公司期间，他在天津租界设计了大量居住及公共建筑，具有较为丰富的实际经验。

　　1929年对林炳贤来说是一个重要转折，交通大学唐山土木工程学院聘他为副教授，担任所有建筑、市政工程方面的课程。他不仅精通建筑学，还擅长市政工程，对上下水工程、道路学也有研究，是一位理论和实践俱佳的建筑师。他的英文很棒，讲课也广受学生欢迎。

　　在唐院任教期间，林炳贤于1931年经三榜（分别在香港、新加坡、英国伦敦）定案，考取了英国皇家建筑师学会会员（RIBA）资格，据说当时中国只有5名学者得此荣誉，林先生是第五人。

　　1930年李书田博士执掌唐院后，意欲开办建筑工程学系，林炳贤是筹办主力。1932年初他负责建筑系的筹划方案，拟订了建筑系四个学年的课程计划。经

直到1946年以前，林炳贤教授（前排右3）承担了大部分建筑工程方面的课程

铁道部长叶恭绰和交通大学校长批准后，林炳贤被任命为建筑工程学系主任。后来，唐院改以土木工程系下设建筑学门的方式启动建筑学教育，直到1946年林炳贤一直都是建筑教育的负责人。1946年他率领复员大军历尽艰苦回到唐山。国立唐山工学院经教育部批准开设建筑工程系，林炳贤众望所归担任第一任系主任。

他在学校教授的课程包括房屋建筑学、木结构、建筑理论、建筑史、建筑绘图、构图原理、营造学等，是一位全能型的教授。他主持拟订了建筑系的教学计划，对学生循循善诱，倾力指导。他积极支持学生们利用一切机会去观摩实习，1937届建筑门的学生在他的支持下赶赴北平，参观中国营造学会举办的建筑展览，学生们得到了梁思成先生的现场讲解与指导。不管是土木系，还是建筑系的学生都对这位身材魁梧、喜爱游泳的老师印象深刻。

他的学生郭宏德回忆说，"林师上课全用英语，声调洪亮清晰，讲解清楚，虽在抗战期间，我们当时没有机会看到有名的建筑实物，但经他解释后，我们便能大致想象出来。他上课认真，十分负责，绝不苟且。他很注意经济实用，对建筑平面做得特别好；同时对立面的处理也能配合上。林师素有诚实的美德，他为人公正，不徇私情，执法如山。他上课时面部严肃，难得一笑；但当你和他谈话时，就觉得他和蔼可亲，绝不高高在上摆架子，并耐心和别人详细谈论。当他看见别人有困难时，很乐意帮助，许多校友因此受益。"

1948年秋，华北局势动荡。国立唐山工学院南迁，林炳贤脱离学校留在天津，1949年返回香港，重新做起了职业建筑师，开设了建筑事务所。他与自己的得意门生佘畯南合作，获得了香港女青年大厦及基督教圣公会教堂等设计征图首选。

林炳贤的职业生涯，在起初和最后，都留下了实实在在的建筑物。中间20年人生精力最旺盛的时期，他在唐山工学院当教授，传授知识、培养人才，造就了一个又一个优秀建师，为社会奉献出更多的建筑。林炳贤先生以这样的方式，延续理想，点亮人生，是学校建筑学教育永远值得怀念的先贤。

林炳贤先生1984年初在香港逝世，享年84岁。

朱泰信：中国城市规划教学先行者

Reg. No. 753
PEACECALL T. S. CHU
朱泰信

朱泰信，字皆平，清光绪二十四年（1898年）农历十一月十日出生于安徽全椒县一个诗书世家。1913年春入全椒县立中学，毕业后考入交通部唐山工业专门学校预科，期间因病停学。1924年毕业于交通部唐山大学市政卫生系。

1925年，朱泰信与朱光潜等3人同时考取安徽省官费留英，在伦敦大学首校市政卫生系攻读城市规划和市政工程专业，并在该校医科攻读微生物学。两年后又到法国巴黎大学医科公众卫生学院专攻微生物学和公共卫生专业。在巴斯德学院实验室，他与导师——世界著名微生物学家杜嘉利克教授合作完成辨别真假大肠杆菌群的微生物学手术的研究报告，发表在法国《卫生学报》上，并因此参加了1930年的国际微生物学会。

1930年8月回国后，朱泰信先是在江苏省建设厅任工程师，第二年应母校之邀，担任交通大学唐山工程学院市政卫生工程系副教授、教授，土木系教授，一直到1942年。他主张"公路工程与城市规划应该纳入'市政工程门'范围"，推动了唐山工程学院城市规划教育的起步与发展，并受聘教授城市规划课程。任教期间他向学生讲授了城市规划、市政管理、道路工程、给水工程、污水处理和排放、微生物学等课程。现有史料证明，朱泰信教授在我国最早讲授城市规划课程，而国内其他城市规划相关的学者归国或从事教学工作的时间都晚于朱泰信先生。

虽然城市规划教育在20世纪20至30年代尚未作为独立的学科门类出现，但相关的教学活动有所开展。吴良镛先生曾提到："1943年我大学三年级的时候，曾听了两位老师讲的城市规划课程，一位是鲍鼎老师，另一位是朱皆平老师，他们各在建筑和土木系开设了讲座，我对城市规划的最初认识即源于他们的教诲。"

邱建、崔珩在《我国城市规划教育起源的探讨——兼述朱皆平教授教学思想》一文中，对朱泰信先生的创新与贡献着墨甚多，文中指出：

朱泰信提出使用"讲授法"。"讲授法"可以不拘泥于教科书，在一定时间内给学生更多素材，及时增加新的资料，形成生动、完整的印象，这是"复习法"所达不到的效果。"讲授法"信息量大、灵活性强，教师教学的主导作用突出，至今仍然是城市规划专业教育中最广泛、最常见的教学方法。讲授法强调以翔实的材料、严密的逻辑、精湛的语言较系统地阐述内容，有助于学生在一定时间内获得大量而连贯的知识，适用于描绘情境、叙述事实、解释概念、论证原理和阐明规律。这一教学方法的发现和实践无疑是朱皆平先生对城市规划教育的一大贡献。

在教学内容的组织上，朱皆平力求系统性、完整性和科学性。例如"公路工程"课程主要包括四部分：道路发展史概述、道路工程的研究对象与范围、道路网规划、道路工程经济与原理。内容上旁征博引，素材丰富，组织上条理清楚，纵横配合。纵向以国内外道路发展史为主线：国内从周朝的道路分类、秦始皇的驰道，到我国历史上的驿道系统；国外从罗马帝国时期的道路建设，到法国的国道系统……阐明了古今中外道路系统的发展演变，进而围绕中外道路系统对国家建设的重要性，强调自古以来道路系统就是国防性的工程。横向上突出重点，层次清晰，注意知识的拓展，安排了对象与范围、路网规划、工程经济、工程原理等板块内容，构建了完整的知识体系，具体内容组织上力求严谨而科学。

道路工程建设原则中，他讲到"第一要求，是要就地取材，造成一条很好的土路。第二条要求是要公路工程与城市规划配合实施。原来，二者关系犹如走道和房屋建筑。公路线如果与城市不能形成适当的关系，则小而言之，引起交通上的种种不便；大而言之，车运拥挤发生祸事。第三个要求便是公路安全的保障。"因地制宜、就地取材、安全性以及协调好道路与土地利用及建筑设施的关系等原则至今仍为我们在道路与交通工程规划中所遵循，而这些原则能在早期的规划教学中传授，与朱皆平先生不凡的学识修养以及对教学的严谨的科学态度是密不可分的。

此外，在教学过程中他强调理论联系实际。路网规划一讲中，他指出加强路网建设有"繁荣社会之作用"，并提出了"国道网规划原理及其具体建议"，以引导学生将理论知识与当时国家建设紧密结合起来，培养学生对社会问题的思考和关注。

在学校除了教书，朱泰信还担任《交大唐院季刊》编辑。他文笔犀利，善于思考，学术思想活跃，是我国最早从事现代城市规划研究的学者之一，常有真知灼见。他根据在镇江的工作经历和观察，撰写了《镇江城市分区计划及街道系统意见书》，在江苏省会工程设计委员会上提出，获通过，并呈请建设厅核准，成为将来镇江城市发展之根本计划。这份报告后来发表在《交大唐院季刊》1931年一卷四期上。1933年初他又在唐院季刊发表《新城市运动》一文，后为《时事月报》全文转载。此外，他还在《工程》、《世界月刊》等杂志和刊物上发表了多篇文章，如《城市"面积用途"与其分区原理》、《城市建设之新观点》、《近代城市规划原理及其对于我国城市复兴之应用》、《我国城市复兴之合理途径》、《工程教育与教育工程》等，就城市建设、城市形态、城市规划技术以及相关教育问题等进行了深入探讨。

1942年4月至1944年7月，朱泰信任国民党中央工作竞赛推行委员会专家委员兼主任秘书。在此期间，参与"国父实业计划研究会"，为"都市建设小组"的研究人员之一，该会于1943年出版《国父实业计划研究报告》，提出了之后十年中国城市规划及建设的方针；还与茅以升、竺可桢、李四光等同时被聘为中央训练团高级班专家讲师，朱泰信担任城市建设讲师。朱泰信还与杨铭鼎、过祖源等发起成立中国卫生工程学会。

1944年8月至1948年6月朱泰信先后作为湖北省、湖南省政府高级顾问，他主持了中国近代首个区域规划实践——"武汉区域规划"，除完成该规划相应文件的起草外，他还在《工程》等专业刊物上发表多篇论文。中国工程学会权威会刊《工程》杂志的编者按称"朱教授皆平，为国内城市规划理论之权威"。由此可见，朱泰信先生在当时的城市规划界具有很高的学术地位。

学人掠影

毕业生

1933年6月，学校有了建筑学专业的第一届毕业生，共计13人。除1936年因故没有毕业生，直到1937年7月日本发动侵略战争前，总共有4届毕业生，共计30人。

在这些建筑专业毕业生中，李汶（1933届）留校任教，本已公派留美，却因抗战爆发无法成行，直到退休前一直在学校土木系、桥隧系、建筑系从事建筑学教育；殷之澜（1933届）后来任湖南大学土木系系主任；黄钟琳（1933届）在学生时代就在《建筑月刊》上发表数篇专业文章，初露才华。毕业后曾任创新营造厂建筑工程师、青岛办事处主任、西安分厂经理。他的女儿黄汇1961年毕业于清华大学建筑系，是北京市建筑设计院教授级高级建筑师，国内有名的女建筑师之一；华国英（1934届）毕业后即进入中国银行总管理处，旋即去美国伊利诺伊大

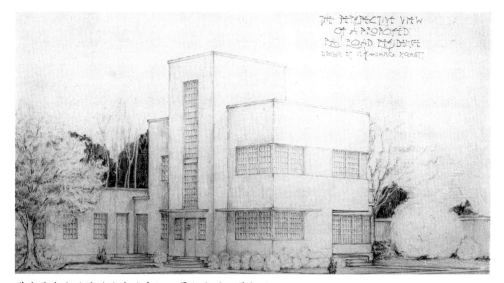

学生黄克缃设计的北宁路高级职员住宅（习作）

学建筑工程系深造，获得硕士学位。他曾任上海信诚建筑师事务所主任工程师，建工部北京工业建筑设计院、西北工业建筑设计院总工程师，轻工部设计院副总工程师，中国工程建设标准化委员会常务委员及学术委员会主任委员，长期从事土木建筑设计和审查工作；姜瑜（1934届）在泰国从事建筑设计；吴华庆（1937届）毕业后曾在重庆自办建筑师事务所，后留学美国专攻照明，新中国成立后回国创办北京建筑工程学校，负责北京人民大会堂的照明设计，被称为我国建筑照明的奠基人。

学校历史上土木系的第一位女大学生朱颖卓（1933届）实际上也是学建筑的，毕业后在铁路局从事办公住房设计。还有土木系的一些毕业生相继在其他大学建筑工程系担任技术和建筑方面的课程。

抗战期间，学校培养出的建筑人才有：建筑设计大师、中国工程院院士佘畯南（1941届），市政建筑专家麦保曾（1941届），侨美桥梁、建筑专家张馥葵（1942届），侨美建筑专家杨裕球（1943届），台湾国际工程公司董事长、建筑专家张溥基，台湾海基会副董事长、建筑专家王章清（1944届）、旅居美国的建筑师黄匡原（1945届）等。

国立交通大学唐山工程学院建筑学门历届学生

1933年毕业13人

李　汶　A539，江苏镇江人，年24岁。北平成达中学毕业，1927年9月入校。

黄钟琳　A653，江苏上海人，年24岁。中央大学区立上海高中毕业，1929年11月入校。

王团宇　A460，福建闽侯人，年23岁。北平四存中学毕业，1926年9月入校。

李彝儒　A621，福建闽侯人，年25岁。北平汇文中学毕业，1929年11月入校。

殷之澜　A615，安徽合肥人，年23岁。浙江大学工学院肄业，1929年11月入校。

苏学宽　A639，河北天津人，年23岁。天津南开中学毕业。

徐世汉　A499，贵州铜仁人，年25岁。北平弘达中学毕业，1926年9月入校。

朱颖卓（女）　A637，河北天津人，年23岁。国立女子中学部毕业，1929年
　　　　　　11月入校。

杨锦芳　A545，河北安国人，年25岁。保定育德中学毕业，1927年9月入校。

黄有纶　A612，福建闽侯人，年23岁。北平汇文中学毕业，1929年11月入校。

魏振华　A488，河北获鹿人，年25岁。直隶第七中学毕业，1926年9月入校。

贺书林　A434，河南滑县人，年26岁。山东第二中学毕业，1926年9月入校。

陆曾明　A630，苏南京人，年23岁。上海浦东中学毕业，1930年8月入校。

1934年毕业6人

华国英　A681，江苏无锡人，年25岁。金陵大学肄业，1930年9月入校。

杨　涛　A661，山东阳信人，年25岁。

蔡维城　A266，江苏无锡人，年30岁。

宋镜清　（停学期满回校）A634，江苏崇明人，年22岁。

冯思贤　A676，贵州盘县人，年24岁。上海南洋中学毕业，1930年9月入校。

周　弁　A645，广东番禺人，年22岁。由唐院预科毕业，1929年入学本
　　　　科，补考毕业。

1935年毕业4人

唐庚尧　广东中山人，年25岁。预科1928年9月入校。

袁国荫　A717，湖南新化人，年23岁。

竺宜昌　A720，浙江奉化人，年22岁。

万绳峪　A751，江西南昌人，年23岁。1931年9月入校。

1937年6月毕业6人

刘邦闻　A708，湖北汉阳人，年25岁。北平大同中学毕业，1931年9月入校。

雷邦璟　A795，河南淮阳人，年24岁。天津南开中学毕业，1933年12月入校。

吴华庆　A797，江苏吴县人，年23岁。上海南洋模范中学毕业，1933年12
　　　　月入校。

常中祥　A808，安徽怀远人，年24岁。北平崇德中学毕业，1933年12月入校。

1935届建筑门毕业生与林炳
贤主任留影纪念

区荫昌　A822，广东南海人，年24岁。北平汇文中学毕业，1934年3月插班
　　　入校。

刘宝善　A829，四川成都人，年24岁。上海浦东中学毕业，1934年3月插班
　　　入校。

佘畯南：我的自述

为人哲理：宁可无得，不可无德

建 筑 观：建筑为人而不是为物

佘畯南
1941 年毕业，注册号 B540

　　1916年我生于一个越南华侨小康之家，祖父因家乡潮阳达濠饥荒，漂流过海到越南南定，贫苦使父亲当童工，勤劳刻苦，得店主青睐，纳为干儿，我称周店主为周爷。父亲及长时，周爷带他赴顺德龙山娶亲，父亲要选识字、活泼、大脚姑娘。他娶了一位书香之家黎小姐为妻，即我慈母。婚后几天，母亲即随夫赴异国定居，后周爷店子搬回广州，父亲独自开小店，他以"童叟无欺"信誉，赢得人们信任，逐渐成为小镇殷商。父亲要我读四书五经，母亲教我阅《三国演义》、《岳飞传》等历史小说，她痛恨法国殖民主义者的压迫，考虑到我的前程，母亲含泪忍痛送我回广州，在岭南大学附设小学寄读，我坚强地接受独自生活的锻炼。

　　岭南大学位于风景如画的康乐园，原是美国教会办，学校仍有美校风，视玩弄新生为常规。学校重视德智体教育，小学每周举行一次演讲会，各班轮派两位同学参加。轮到我班时，调皮同学选两位不大会讲广州话的新生演讲以出洋相，在哈哈笑声中，我被选作出场小丑。我甚恐慌，能忍受这戏弄吗？夜静时，我想起母亲，她教我学赵云的不畏难精神，我想可以用赵云百万军中藏阿斗的故事为讲题，能用最少的言语讲清故事。我登台时，看见台下视线集中在我身上，顿感害怕，但说到赵云的英勇时，我大声嘶叫，手舞足蹈，时怒时跳，如策战马驰骋，右手挥剑，左手抱阿斗，台下鸦雀无声。结语：要学习赵云的百折不挠精神。演讲完，校长拍手称善，这童年小事给了我日后不怕困难的勇气。

1933年我初中毕业，我登台领文凭及学业优秀奖以及全初中唯一的体育奖和美术奖。在鼓掌声中，我却收到父亲破产消息，母亲汇来600元，嘱我用这款作为今后生活费，何去何从，我自为之。我计划用600元来读完高中，然后设法考进免费的名牌大学。我决心去通县潞河中学读书，这中学原是美教会办。校风与岭南中学相同，学金和生活费约为后者之20%。为节省暑假费用，我乘小货船沿海岸线前往塘沽，舟行二十多天，途经香港、汕头、厦门、马尾、青岛、烟台，船装、卸货时，我随船员上岸观光增加知识。

舟到塘沽，我即赴通县潞河中学。北国风光，千里冰封、万里雪飘，我爱故都，我常独自徘徊于黄瓦红墙外的小径，联想"还我山河"的故事，痛恨通县汉奸组织伪政府，乃赴上海投考南洋中学，为考上海交通大学作准备。我因做盲肠炎手术误考期，我照该校高中二年级课程备课。1935年考进南洋中学高中三班，班友已读完中学课程，高三班在读备考上海交大的参考书。

1936年夏高中毕业，投考交大，数理化考分属于中上，语文作文题出自易经，我交了白卷，语文总考分低于最低录取线的20分而未被取录。我再攻数理化和读易经。幸而1937年我考进上海交大，但日寇进犯上海，学校迁入法租界，处境恶劣，但学风仍极严谨。我感到自己不是土木工程师的材料，决心到贵州平越，转学到唐山交大。1939年冬我依依不舍离开了多年生活的上海。在这里我认识了一位十五岁的小姑娘。暑假曾同我一起去新华美院学素描。她品性良善，父母是英法留学生，我和她保持兄妹关系，但内心已孕育纯洁之爱。1944年我同她步行沿着当年长征道路从贵州平越逃难到遵义，在教堂成婚。

我来唐山交大立志学建筑，导师林炳贤教授。当现代建筑运动蓬勃发展于欧洲时，他受学于美国，授皇家建筑师协会会员称号于英国。因我热爱建筑学，他为我增加不少科目，其中以BANISTER FLETCHER建筑史为重点。师生关系逐渐超越课室范畴，我陪导师越山过岭，陪导师作千米之泳，以培养我坚韧性和毅力。

1941年秋，我毕业于唐山交大，未来之路怎样走，我能否成为一个建筑师？

我总怀疑自己。路是人走出来的，我决心走建筑创作之路。1942年我在衡阳试开设计事务所。我取得衡阳市民医院设计竞赛奖，当局特许我为注册建筑师。设计业务刚有基础，日寇进犯长沙，我匆匆回校任讲师并再接受导师的悉心培养。

1946年我在广州开设计事务所，取得广东省参议会规划和建筑设计竞赛奖，柔济医院扩建工程设计征图入选，业务逐渐扩展到香港。1948年与导师合作在香港开事务所，获得香港女青年会大厦及基督教圣公会教堂等设计征图首选。1951年我考取待遇优厚的港英政府设计处的建筑师职位，4月我与妻、子女回广州设计市第一人民医院的规划及建筑。1952年我被调到广州市设计院的前身——设计处，直至现今我未离开这个家半步。在党的培育下，我认识人生的理想，我以"两论"为设计指导思想，要为祖国出好设计作品和出德才兼备的人才。

1966年初我奉命去湖北、广西协助设计工作，6月间我被揪回广州进牛棚、高帽游街、接受批斗，但我仍坚持钻研业务。我相信党英明，群众眼睛雪亮。

1972年外贸工程上马，我离开干校回设计院肩负重责。东方宾馆新楼落成时，我被派为建筑代表团访问朝鲜成员，因患肝炎未能成行。1975年我随国家建委张百发副主任访问阿尔及利亚。接着我承担加蓬卫生中心设计任务。

1976年省委派我赴京参加毛主席纪念堂设计组，全国精英聚集于民族饭店，给了我学习的机会。一日，唐山救灾总指挥张百发回京开会，他邀我到唐山一行，增加设计人员对人民安全的责任感，我驱车前往，回来写"唐山十日"一文。

1978年我设计中国驻西德使馆，地址在名胜古迹的加里宫，树木参天，加里宫位于中央。设计要求：加里宫的一砖一石不能动，树木一株不能砍。我采用"游击战术"，将五个四合院穿插在丛林中，用回廊联系、组成庭院建筑而获好评。后来我设计挪威使馆扩建工程，新楼的顶层地面与主楼底层地面同高，我采用由上而下的设计方法。设计澳洲里士班斯中国城时，将城楼建在两条主干道十字路口的上空，占天不占地，华侨可不买地而建房子，当局欣赏此构思方案得以通过。

白天鹅宾馆是改革开放初期，第一间引进外资的具有国际水平的现代化饭店。海外有人说：国内设计水平奇低，不能承担此任务。我们边干边学，依靠党的领导，设计队伍的团结，群众的支持，霍英东博士的鼓励，以三星级饭店的投资，建成第一座中国人设计、施工、管理的Leading Hotel of the Worlds会员的饭

广州白天鹅宾馆

店。我体会：构思是建筑创作的灵魂；群众的智慧与力量如汪洋大海，个人的作用只是大海中的一滴水。

多年来我有机会设计驻外使馆：澳洲、泰国、塞浦路斯、日本福冈领事馆及瑞士、挪威使馆的扩建工程。两次环游世界写"万里行"书稿，我感受：多走两里路，始知井底蛙之意，多读两本书，会自认自己是不学无术之徒。我是一个平凡的知识分子，我和院士的要求差距甚远，要努力学习，以勤补拙，光荣属于党，属于集体，正如管仲所说："大厦之成，非一木之材，大海之润，非一流之归"。

佘畯南

1998年元旦

编者后记

佘畯南学长写完这篇"自述"半年后，即于1998年7月30日在广州逝世，享年83岁。噩耗传来，令人扼腕叹息。

佘畯南学长1941年从学校毕业后，即在湖南衡阳任建筑师。1944年至1946年他应母校邀请担任土木系讲师。1946年至1948年在广州任建筑师，1948年至1951年开办林炳贤佘畯南建筑师事务所。1951年从香港回到广州任广州市卫生局建设委员会工程师。1961年任广州市设计院副院长兼总建筑师，1980年任中国建筑学会第五届理事会副理事长，1989年获评第一批中国建筑设计大师，1997年当选中国工程院院士。

他与母校始终保持着密切的联系，1985年建筑学专业恢复开办时即受聘再次担任西南交通大学兼职教授，合作指导研究生。他创办的佘畯南建筑设计事务所也多次接受母校建筑系学生前往实习，佘老亲自指导，关心晚辈后学的炽热情怀至今为人们深深怀念。

唐山交大位于交大路上之小校门，亦为研究所进出之处

唐山交大图书馆正面局部

Exploration and Practice of Architectural Education

After Nanjing National Government reunified China, following the successful Northern Expedition in June 1928, the three universities affiliated to Ministry of Transport, namely Nanyang University, Tangshan Jiaotong University and Beijing Jiaotong University were renamed respectively as the First, Second and Third Jiaotong Universities, all headed by the Minister Wang Boqun. In August 1928, Ministry of Transport carried out a reform to combine the three universities for the second time after Ye Gongchuo's merger in 1921. Minister Wang Boqun was appointed as the president and the Second Jiaotong University was renamed Tangshan Civil Engineering College of Jiatotong University.

In October 1928, the National Government decided to establish Ministry of Railways with Sun Ke, the son of Sun Zhongshan, serving as the Minister. Jiaotong University, also headed by Sun Ke, was affiliated to Ministry of Railways. Thus the university ushered in Ten Golden Years of vigorous development..

Dean Li Shutian's Plan to Add the Department of Architectural Engineering

In May 1930, the secretary of North China Hydraulic Engineering Committee and the deputy director of North Dagang Preparatory Office, Li Shutian who had just returned home with a doctorate of Cornell University, was invited by Minister Sun Ke to be the dean of Tangshan College.. Full of aspirations, the thirty-year-old Li Shutian was determined to build Tangshan Civil Engineering College into a top-rated higher institution of engineering.

Considering the situation of Tangshan Civil Engineering College at that time, Li Shutian placed discipline expansion and department addition as the top priorities. He reflected on the following problems of Construction Engineering Department in his article-*Future Plan for the Development of Tangshan Civil Engineering College of Jiaotong University:*

The employment prospects of the original Construction Engineering were relatively limited and special engineers were in urgent need during the period of post-Opium War. The setup of Building and Construction Department in Massachusetts Institute of Technology was just to meet the need of the society. As China was also in need of such engineers, the discipline of Construction Engineering should be expanded to be a Department of Building and Construction Engineering, with an emphas on Construction Engineering.

The adjustment of Construction Engineering and the addition of the Department Building Construction was made by Dean Li Shutian in consideration of the university per se. However, as Dean Li Shutian had to spend most of his time and energy preparing for the plans of resuming two other disciplines, Mining and Machinery proposed to the Ministry of Railways earlier, the work of Building and Construction Department was again suspended.

On March 4th, 1931, President Li Zhaohuan from Jiaotong University sent a letter to Dean Li Shutian, mentioning Hydraulic Engineering and Architecture Department. He said:

> Several staff members from International Union paid a visit to our university and talked about the setup of departments and disciplines. They suggested that the Discipline of Architecture and Hydraulic Engineering should be added. Owing to the present financial difficulties, we are afraid that this cannot be achieved in one or two years. But the Discipline of Hydraulic Engineering does seem possible. Please give some detailed thoughts and have a discussion about it. Replies are eagerly expected.

During that time, as all the three branches of Jiaotong University were busy in various undertakings and money was needed everywhere, Ministry of Railways was suffering from an extremely tight budget. Therefore, President Li Zhaohuan believed it was not feasible to set up the Discipline of Construction and Hydraulic Engineering in the headquarters in Shanghai and advised that Tangshan College should think of ways to establish the Discipline of Hydraulic Engineering.

On March 10th, Dean Li Shutian presided over a temporary meeting in Tangshan College. The decision of adding the Discipline of Hydraulic Engineering was made after discussion. A minimum class of five students was required to recruit, the same as the Department of Municipal Sanitary Engineering. On April 12th, the college received an instruction from Jiaotong University approving of the addition and the implementation started after the summer vacation in the same year. In August, Tangshan

Civil Engineering College was renamed Tangshan Engineering College of Jiaotong University, due to the addition of the Department of Mining and Metallurgy and the Department of Hydraulic Engineering. This change created favorable conditions for the setup of more departments in the college.

As for the adding of Architecture Engineering Department, suggestions from the International Union urged Dean Li Shutian to make up his mind as soon as possible.

A chance came when Minister Sun Ke was transferred to be the Executive Dean of the National Government. The former Chief of Transport Ministry and the former president of Jiaotong University, Ye Gongchuo was designated as the head of Ministry of Railways. He had been showing great expectations and cares about the development of Tangshan College of Jiaotong University. Starting from civil engineering, Tangshan College was the most ideal one to have the Discipline of Architecture. Dean Li Shutian went to Nanjing to meet Minister Ye Gongchuo, mentioning the plan of setting up a Department of Architecture and getting the approval.

At that time, China was right in a period of vigorous development, which, in the view of Ye gongchuo, called for the cultivation of special professionals in architecture engineering to meet the demands of railway and transport service. Minister Ye asked Li Shutian to play an active role in the preparation work and Li got permissions from the President Li Zhaohuan. The work of planning and setting up of Architecture Engineering Department really started in 1932.

Among the universities in China, only the Engineering College of Central University had a Department of Architecture Engineering, combined with Suzhou Construction Engineering Department. It was established when its predecessor, the Fourth National Sun Yat-sen University was restructured in 1927. In 1928, College of Art in Beiping University also set up a Department of Architecture. Owing to the ending of the Central University's district system, College of Art was changed into Beiping National Academy of Art. In 1930, this academy was arranged into Beiping University again and was closed around 1934. When Liang Sicheng and Lin Huiyin went back from abroad with achievements, they were invited by the Technology College of Northeast University to found the Department of Architecture Engineering in the autumn of 1928. Because of the Mukden Incident in 1931, the department was moved to Beiping and the teaching work were affected as a result. The Department of Architecture Engineering of Guangdong Rangqin University, evolved from the Department of Architecture Engineering set up by Guangdong Provincial Industry and Trade College in July 1932, was established later than Tangshan Engineering College of Jiaotong University.

In February 8th, 1932, Associate Professor Lin Bingxian who was teaching municipal construction engineering in the Department of Civil Engineering, drafted a curriculum for the Department of Architecture Engineering and submitted it to the thirty-first meeting of teaching affairs in Tangshan College. This curriculum was then revised and approved. In order to draft the enrollment plan of Jiaotong University in April and May, Dean Li Shutian timely submitted a request to the headquarters of Jiaotong University in Shanghai, asking for permission to recruit students after the summer of 1932 . The request was as follows:

Judging from all the factory buildings, the storehouses and the residential buildings, the layout as well as the appearance were not perfect and appealing and they were not economically optimal in their designs either. As is required by the development of railways, factories and housing construction, we'd better prepare some talent reserves for the future. Of all the universities in current China, only the Northeast University had an Architecture Department which was not functional at present, the Central University had a Department of Architecture Engineering similar to the one of Architecture and couldn't suffice the present situation. When I was in Beijing and Shanghai, Minister Ye gave an order of planning for a Department of Architecture Engineering. Later it was acknowledged by the president and a curriculum was drafted accordingly. The setup of the Department of Architecture Engineering was due in this fall after the summer vocation. The would-be trainees to be educated according to the curriculum can be expected to be architectural engineers as well as civil engineers with a purpose of serving the railway construction. As for the equipment needed, such as models of Chinese architecture and watercolor samples, they cost little and are much easier to compare with those used in the departments of civil engineering, mining and electro mechanics. As for the teaching staff, only two professors will be needed even when there are four cohorts of students in the department. Based on the existing Department of Civil Engineering, adding of the Department of Architecture Engineering is really an easy task which costs a little but yields two results. The curriculum of the Department of Architecture Engineering has been approved at the thirty-first meeting of teaching affairs in Tangshan College. I am now presenting the drafted curriculum and asking for the examination and recording of it. Meanwhile, we ask for a permission to recruit the first year students of the Department of Architecture Engineering. This is my official duty and I submit it to President Li of Jiaotong University.

The request submitted was full of the deep thoughts and deliberate considerations of Dean Li Shutian and the teachers such as Lin Bingxian. Their ideas on the cultivation of professional talents in architecture were unique and far-sighted in comparison with the newly born architecture education in the Central University and the Northeast University. .

On February 22nd, the 46th *Weekly of Tangshan College of Jiaotong University* reported the news of setting up a Department of Architecture on the front page and published the curriculum for the four-year program.

In the Department of Architecture, the total credits in the four-year undergraduate program added up to 169, including 3 credits for thesis writing. The average weekly classes were 28 hours. With the preview time required, the working load was really intense. Statistics showed that the courses similar to those in the Department of Civil Engineering were worth132.5 credits, accounting for 78.4%. The courses offered by the Department of Architecture covered 36.5 credits, accounting for 21.6%. Among them, courses in first year were the same as those in the Department of Civil Engineering, while in the second, third and fourth years, the numbers of independent courses were respectively four, three and four, which obviously led to different requirements on thesis writing

In the late 1920s and early 1930s, the establishment of the Department of Architecture in several universities such as Northeast University and Central University marked that China initiated a series of relatively systematic and comprehensive efforts in higher education of architecture. In the meantime, Tangshan Engineering college of Jiaotong University was also pondering on how to build up a Department of Architecture Engineering with its own unique characteristics.

The four-year curriculum of the Architecture Engineering Department in Tangshan Engineering College of Jiaotong University were closely connected to its training purpose. The students would have to study 70% of the programme courses of the Department of Civil Engineering, which was proven quite difficult in Tangshan College. Because the Department of Civil Engineering had always been very strict in training and the requirements for admission to Tangshan College were hard to meet and it was not easy to graduate as there was a pretty high rate of elimination. Only in this way could students be qualified for civil engineers. Courses of drawing, designing and history focused on the actual situation and did not emphasize painting training, which only served as one part of a complete knowledge system for architects. Compared to the courses in the Department of Architecture of Northeast University and Central University, those in Tangshan College of Jiaotong University showed obvious preference to technological training, which was an inevitable choice for cultivating professional talents in a university of strong technological support.

The discipline of Architecture in Department of Civil Engineering opened the professional education of Architecture.

Nearly 80% courses in the proposed Department of Architecture Engineering were similar to those in the Department of Civil Engineering, and the traditional practice at the university would orientate students into different professions and programmes in the fourth year since the merger of the University in 1921. In order to share the resources and implement the professional education of architecture as soon as possible, Tangshan Engineering College made some adjustment for the courses. It was finally decided that an independent programme of architectural engineering be set up in the Department of Civil Engineering and the students could choose a programme in the fourth year, ushering in the professional education in architecture which had been planned for 11 years.

This was not the only case. When the Engineering College of Tsinghua University planned for the architectural education in 1935, they also adopted the method of adding an architectural engineering group, as it was not easy to establish an independent department. The Architecture Engineering was attached to the Department of Civil Engineering, combined with the original Hydraulic Engineering, Road Engineering, Railway Engineering and Municipal Engineering. St John's University established an architecture group in the senior years of the Department of Civil Engineering in 1940, which later grew into an independent Department of Architecture. It could be concluded that the way of setting-up an architecture programme in the Civil Engineering Department first and then the establishment of Architecture Department was an important model for the development of architectural professional education in China. This reflected a close relationship between architectural education and civil engineering education. Tangshan Engineering College was undoubtedly an active thinker, explorer and practitioner.

After the adjustment, credits of the architecture programme totaled 176.5, including 3 credits of graduation thesis. The average weekly classes were 28.625 hours. Courses similar to those in the Department of Civil Engineering totaled 146 credits, accounting for 82.7%. The independent courses in the Department of Architecture were worth 30.5 credits, accounting for 17.3%. Students majoring in Railway, Construction, Municipal and Hydraulic Engineering in the Civil Engineering Department needed to learn 15 courses related to architectural engineering within four years (48 credits in total). Of all the courses in Civil Engineering Department, credits of the courses belonging to the knowledge system of architectural engineering accounted for almost 30%, just as what Dean Li Shutian had proposed in the initial stages of preparation.

In the enrollment plan of Jiaotong University in 1932, the programme of architecture engineering in the Department of Civil Engineering in Tangshan Engineering College was announced to the public. *Recruitment Brief of Tangshan Engineering College of Jiaotong University* released the information as follows:

> Both the Department of Civil Engineering and Mining and Metallurgy Engineering Department of Thangshan Engineering College require four years of training before graduation. The Department of Civil Engineering is further divided into the programmes of Railway Engineering, Structural Engineering, Municipal Engineering, Hydraulic Engineering and Architecture Engineering. In the current year, Department of Civil Engineering enrolls eighty freshmen and Mining and Metallurgy Engineering Department, thirty.

At the same time, among the students transferring to the fourth year in the fall of that year, 13 students including Li Wen chose to major in architecture. As a result, Tangshan Engineering College of Jiaotong University had its first cohort of architectural graduates in June 1933. All the graduates except for Li Wen who stayed in the university as a teaching assistant of engineering drawing, were assigned posts in Ministry of Railways. Those 13 graduates in Tangshan College, as well as the first cohort of 9 students graduating in July 1932 and the second cohort of 7 graduates in 1933 from the Department of Architecture Engineering of Engineering College of Northeast University, and the 6 graduates in 1930, 5 graduates in 1931, 2 graduates in 1932 and 3 graduates in 1933 from the Architecture Department of Central University (45 graduates in total), were the first group majoring in architecture in China in the beginning of 1930s.

Architectural Education in Hunan, Guizhou and Sichuan during the Period of Anti-Japanese War and the Foundation of the PRC

On July 7th, 1937, the Lugouqiao Incident signaled Japanese invasion of China. Located in north China, Tangshan came to be the first target with campus occupied on 17th and the teachers and students were displaced. On December 15th, 1937, thanks to the support of numerous Tangshan alumni, Tangshan Engineering College of National Jiaotong University resumed classes at Xiangqian Railway Bureau located in Xiangtan, Hunan Province. In the next February, Mao Yisheng, who had just finished the construction of Qiantangjiang Bridge and reluctantly blew it up afterwards, returned to his university and took the job as the headmaster despite of the dangers. At that time, there were only two Departments of Civil Engineering and Mining and Metallurgy in the college. Shortly after that, Ministry of Education ordered that College of Beijing Railway Management be combined with Tangshan Engineering College and the Department of Railway Management was set up. As the school buildings ran short as a result of the growing number of students, the college moved to Yangjiatan in Hunan Province. Later in the year, when Changsha was also in danger, the college had to move for the third time to a small village called Pingyue Town in Guizhou Province. Using the Confucian Temple as auditorium, classrooms and offices, and the "test camps" as student's dorms, all the students studied in the dim light of oil lamp and wartime education continued during the extremely hard time. In January, 1942, the college changed its name into Guizhou Branch of National Jiaotong University.

As a base cultivating architectural talents needed during and after the war, the Department of Civil Engineering played an important role in engineering education. In view of the actual conditions and needs, some adjustments were made to the relevant teaching plans. 11 courses in the first 3 years fell into the category of architectural engineering, including Engineering Drawing, Projective Geometry (first year), Mechanics, Mechanics of Materials, Building Material, Engineering Geology, Engineering Drawing (second year), Structural Theory, Reinforced Concrete, Construction Theory, Water Supply Engineering(third year). Although there were no programmes of Railway, Municipal, Hydraulic Engineering, Construction in the 4th year, 11 professional courses such as Masonry Foundation, Steel Reinforced Concrete Building Design, Railway Construction, Sewer Engineering, Urban Planning, Engineering and Regulations of Law must to be learned to acquire 37 credits. Furthermore, the college set up a "course library" (16 courses in total), including Advanced Structural Theory, Advanced Construction, Arch Bridge and Rail Terminus, Health Project, Architectural History, Architectural Design, Architectural Theory and Hydraulic Engineering, Hydraulic Machinery, Advanced Hydraulics, Hydraulic Engineering Project, Heating and Ventilation, Irrigation and Drainage, Hydrology Calculation. Students were required to attend courses worth 6 credits in the "course library" in both semesters to graduate. This model provided a wide range of possible choices for the students, who were able to develop themselves according to their respective interests. The credits of the 4th year reached 49 and there was another 3 credits for graduation thesis (52 credits in total), which was fairly challenging for the students, .

She Junnan, who graduated in July, 1941, learned many architectural courses from Professor Lin Bingxian, and finally became one of the most famous Chinese architects and the representative of the school of Lingnan Architecture.

Teaching Staff

As a technological foundation of architecture engineering education, the College had always been in the lead in teaching mechanics, structure and measurement. With decades of teaching experience, Luo Zhongchen, Gu Yisun, Wu Jinghu, etc. were always in pursuit of perfection, taking the lead among the engineering schools in the Republic of China. Students learning mechanics and structure were trained in the same strict way as those in the civil engineering department. It was all because of the solid foundation of engineering education that graduates from Tangshan College had a constant edge over others

Professor Lin Bingxian had been teaching several courses in architectural engineering and was the core of the Department of Architecture since 1929. By the time he returned to Hong Kong at the end of the year 1948, Professor Lin had taught for more than two decades and was rated as the chief of Tangshan Engineering College's architectural education.

After Zhu Taixin came back from Britain and France, he started the course of urban planning, which exerted profound influence.

Hu Shuji transferred to Jiaotong University from Tongji University in the Anti-Japanese War, teaching Municipal Sanitary and Urban Planning.

Graduates

The first generation of architecture graduates came in the June of 1933, with 13 people in total. Except in the year of 1936 when there were no graduates for some reason, 4 generations including 30 students graduated before Japanese Invasion of China in July 1937.

Among these graduates, Li Wen (graduated in 1933) taught in the departments of Civil Engineering, Bridging and Architecture. Yin Zhilan (graduated in 1933) took charge of the Department of Civil Engineering in Hunan University. Huang Zhonglin (graduated in 1933) first revealed his talent with several professional essays published in *Architecture Monthly* when he was a student, and he also established Huang Zhonglin Architect Office. Hua Guoying (graduated in 1934) participated in the architectural courses in the General Administration Division of the Bank of China upon graduation. He then studied in the Department of Architecture Engineering of the University of Illinois and was awarded a master degree. He was once the chief engineer of Shanghai Xincheng Architect Office, the chief engineer of Department of Architecture Engineering in Beijing Industrial Architecture Design Institute and Northwest Industrial Architectural Design Institute, the assistant chief engineer of Light Industrial Design Institute, the member of the Chinese Engineering Construction Standardization Committee and the chief member of Academic Committee. He had been engaged in the design of civil engineering and examination work. Jiang Yu (graduated in 1934) had been engaged in architectural design in Thailand. Wu Huaqing (graduated in 1937) used to run an architect office in Chongqing and studied illumination in the United States. He returned to China after the Liberation and founded the Beijing Architecture Engineering College. He was in charge of the illumination design in People's Great Hall and was known as the founder of China's architectural illumination.

Zhu Yingzhuo (graduated in 1933), the first female graduate of Department of Civil Engineering, was actually an architectural student. She worked in the Railway Bureau designing offices and residential housing.

During the anti-Japanese war, talents cultivated by the College were Yu Junnan (1941), master of architectural design and an academician of the Chinese Academy of Engineering; Mai Baozeng (1941), expert in municipal architecture; Zhang Fukui (1942), overseas Chinese in US and expert in bridge and architecture; Yang Yuqiu (1943), overseas Chinese in US and expert in architecture;; Zhang Boji, chairman of Taiwan International Engineering Company and expert in architecture; Wang Zhangqing, vice chairman of Strait Exchange Foundation of Taiwan and expert in architecture; Huang KuangQuan (1945), architect living in the United States, etc.

唐山交大为纪念詹天佑先生将一幢三层学生宿舍命名为眷诚斋，由天津基泰工程司关颂声设
计，建成于1935年

独立建系（1946～1952年）

国立唐山工学院及中国／北方交通大学唐山工学院时期

唐院跻身当时中国建筑系"十大"

Tangshan Engineering College Ranking Top Ten among Departments of Architecture in China

1945年8月15日，经过中国人民八年浴血抗战，日本侵略中国遭到彻底失败。日本天皇宣布战败诏书。

此时，国立交通大学贵州分校刚刚于1945年2月从贵州平越再次辗转迁至四川璧山县（今属重庆直辖市璧山区），借用交通部前技术人员训练所旧址继续办学。

1944年日军发动豫湘桂战役。当年12月，日本军队发动攻势进逼贵州独山，妄图从后方包围四川，陪都重庆一时也受到极大震动。而贵州平越县距离独山不过几十公里，日军的枪炮声都已依稀可闻，形势危急，交大贵州分校被迫往四川撤移。在茅以升、李中襄、赵祖康等校友的大力帮助下，最终选定璧山县丁家坳，一个成渝公路旁的小镇安营扎寨，继续艰难办学。

抗战胜利后，按照国民政府教育部的统一部署，内迁高校的复员工作从1946年开始分期分批进行。

国立唐山工学院战后独立设置建筑系（1946~1949年）

1946年4月4日，国民政府教育部令交通大学贵州分校结束办学，唐山工程学院改称国立唐山工学院、北平铁道管理学院改称国立北平铁道管理学院，各自回迁，均独立建制，直属于教育部。顾宜孙教授任国立唐山工学院院长。抗战后期在重庆恢复的国立交通大学，也复员返回上海徐家汇原址。此时国立交通大学分拆，沪唐平三校各自独立。

1946年6月国立唐山工学院开始复员回唐，先是从陆路沿川陕公路经三台、绵阳到宝鸡，再经铁路陇海线到郑州、京沪线到上海，最后在开滦矿务局的帮助下，搭乘运煤货船到达秦皇岛，再乘火车回到阔别9年的唐山。可谓一路艰辛、万里复员。

在复员停留上海其间，顾宜孙院长等便与教育部接洽，筹划战后国立唐山工学院的学科设置。在教育部的支持下，国立唐山工学院采矿冶金工程学系进行细分，扩充设立采矿工程和冶金工程两个学系，多年以来在土木工科框架下开办的建筑工程学门得以独立设置，正式开办建筑系。从1921年筹划"营造科"到1946年正式成立建筑学系并独立招生，历经25载，叶恭绰、孙鸿哲、李书田、林炳贤等先贤的执着追求终于化作满天彩虹。

此时，憧憬于战后中国的恢复重建，不少院校都计划培养建筑人才，一时兴起了开设建筑工程学系的小高潮。梁思成在梅贻琦校长的支持下，在清华大学创办营建学系；李书田任院长的国立北洋大学工学院亦设立建筑工程学系，聘请刘福泰为系主任。据称，当时中国有十所大学和工学院都开设了建筑系，着力培养建设人才。建筑学教育在抗战胜利后迎来了发展机遇期。

重新设定建筑学课程计划

长期主持建筑专业教育的林炳贤教授担任建筑系第一任系主任，主持修订了大学本科四年的教学计划。与以前建筑学门相比，课程设置有了大幅调整，建立了更为完整科学的教学体系。这一教学计划从1946年的一年级新生开始执行。与此同时，参照学校原有模式，在土木系第四学年仍分设铁道组、构造组、水利组、市政卫生组和建筑组，以便保持建筑学教育的延续性。建筑组在1950年培养了最后一届毕业生，而建筑系的首届毕业生也在1951年出炉。前后衔接，薪火相传。

建筑系部分师生在校友厅前合影，前排中立者为林炳贤主任、旁为李旭英教授，前排左2为周祖奭、右1为王季能，二排右3、4为何广麟、周心恺。摄于1948年夏

广延师资形成团队

当时，专业课教师较为紧缺。系主任林炳贤一人既教建筑绘图，又教外国建筑史、建筑构图原理、营造学，二年级建筑设计课，后来外国建筑史教学由开滦矿务局总建筑师、丹麦人约根森兼任授课，建筑设计教学由宋燊祁助教协助，水彩画教学由李旭英教授担任。

1948年暑期开学后不久，唐山局势紧张。对于是否继续留在唐山办学，师生中出现不同的意见，最后议定学校南迁。从1948年10月开始，大部分师生南下上海、江西寻找合适的校址。此时，系主任林炳贤辞职去香港，约根森返回英国，李旭英教授去了北平。与学校一样，建筑工程系也处于动荡之中，好在原任北洋工学院建筑系主任的刘福泰教授前来唐院任系主任，并随校南下上海。

那时，建筑系只有刘福泰一人，办学艰难。学生周祖奭是上海人，在家兄周祖泰的协助下，约请到曾留学美国的建筑师宗国栋来学校教建筑设计，他以前除了在"基泰"任建筑师外曾在圣约翰大学建筑系兼课。周祖泰还介绍其国立艺专的同学王挺琦来校担任素描、水彩课的教学，王挺琦曾留学美国耶鲁大学艺术学院。

建筑系部分学生在图书馆前合影。前排坐者左3周祖奭、左4王季能，后排站立着1、2、3、5为何广麟、陈靖、周心恺、石学海。摄于1947年

在上海时，唐院1935年毕业、后留学美国康奈尔大学并获得博士学位的唐振绪，危难之中出任院长。1949年3月，几经准备，国立唐山工学院终于借上海交通大学新文治堂恢复上课。建筑系在上海时有三个年级，人数不多，宗国栋教三年级设计课，刘福泰教一、二年级设计课，王挺琦教素描、水彩。

建筑系部分学生在校友厅前合影，二排右1、2为陈毅人、何广麟，前排左1、后排右2为黄健德、孙樑。摄于1947年月

1949年春，南迁学生借上海交大校舍短期复课，部分师生合影

中国/北方交通大学唐山工学院的建筑教育（1949～1952年）

国共内战爆发后，华北形势发生急剧变化。唐山于1948年12月12日解放，位于解放区石家庄的华北交通学院随后进驻唐山，在国立唐山工学院校址办学。1949年5月上海也迎来解放。国立唐山工学院走到了命运的十字路口。

学校体制改变，教学体系调整

1949年7月8日，中国人民军事委员会铁道部决定将原国立唐山工学院、国立北平铁道管理学院以及华北交通学院三校合并，组建中国交通大学，下辖唐山工学院、北平管理学院，隶属于军委铁道部。唐振绪任唐山工学院院务委员会主任委员，并提出了一个雄心勃勃的中国交通大学扩充组建计划，除在京、唐两地外，还要在哈尔滨、南京等地建校，并完善各类工程学科。

新中国成立后，军委铁道部改由政务院领导，中国交通大学从军队序列转出。中央任命茅以升为中国交通大学校长，金士宣为副校长。

1949年8月19、20日两天，唐山工学院在平、沪、汉、唐四地招生。大学部计土木工程系80名，建筑工程系、采矿工程系、冶金工程系、电机工程系、机械工程系、化学工程系各40名，铁路工程等5个专修科各40名。

6月，滞留上海的唐院师生返回唐山原址后，经过暑期学习，建筑系全体学生由铁道部组织赴哈尔滨、长春、沈阳、大连参观，并于1949年10月1日在大连斯大林广场上收听中华人民共和国成立的开国大典实况广播。

从大连返回唐山后学校正式上课。由于早前课程的严重耽搁，学校决定二、三、四年级均推迟一年毕业。此时建筑系有三个年级。刘福泰主任八方延揽专业课教师，除原有的宗国栋、王挺琦外，还请来原中央大学建筑系第四届毕业生戴志昂教授，担任三年级建筑设计课；宗国栋副教授担任一年级建筑初步、二年级建筑设计。稍后又请来毕业于中央大学建筑系、在中国营造学社跟梁思成先生一起研究中国古建筑多年的卢绳作兼任讲师（他当时是北京大学工学院建筑系讲师），担任中国建筑史、中国营造法的授课，王挺琦教素描、水彩及外国建筑史。又从上海请来包伯瑜讲师教营造学，陈家榫任建筑设计助教兼系秘书，沈狱松任建筑设计助教，沈左尧任美术课助教。

在课程方面，新中国成立后实行改革，取消美术图案、内部装饰等课程（部分内容并入建筑设计内），合并透视、阴影及图形几何为建筑图影学，并为配合实际需要增添建筑劳作、模型制造、模型塑造等课程。为重点培养学生不同所长，第四学年分为建筑设计及建筑结构两组。

各科目教材在名词方面全改为中文，英制已改为公制，由于参考图书缺乏，教师都自编讲义，将图片印成蓝图，以帮助学生克服学习上的困难。在教材内容方面存在与中国实际材料联系不够的缺陷，如建筑设计仅模仿外国杂志上的资料，对中国本地的材料，气候习惯等因素关注不够。都市计划也未能配合中国的都市计划，教师们打算多收集中国各地与各都市计划委员会的资料，以充实教材的现实内容。

在教学方法层面，因设计课程较多，并且设计主要应发挥建筑艺术的创造性，因而很费时间。常因计划不好发生前松后紧或草率完成的现象。比较好的解决办法是在设计开始前，先考察一下已有的实物，而后再发挥自己的创造性进行设计，设计完成后教师逐一评价各个设计的优缺点，以提高学生设计水平。

中国交通大学唐山工学院建筑工程系1950年5月（1949–1950学年）时的基本情况，据《交大唐院》第四期院庆特刊（1950年5月14日出版）《简介本院各系室》一文，以"发展中的建筑系"为题作了概要介绍：

> 比起土木、采矿、冶金诸系来，建筑系的年龄是较小的——到今天才有短短四年的历史。在一九四六年前，"建筑"只是土木系中的一组。可是，由于建筑在工程上的特殊性，建筑系终于成立起来了。新中国成立前，由于经费不足，整个环境恶劣，虽经前系主任林炳贤教授的努力，也只能"维持"而已，谈不到什么发展。新中国成立后，铁道部接管了唐院，唐院获得了新生。一年来，教授、讲助都增加了，同学也从原来的二十二人（三年级八人、二年级十四人），增加到四十五人；同时，崭新的绘图室、素描室也都迅速设立起来，建筑系大踏步前进了，新中国不久的将来需要它去解决千百万人民的住的问题！本系现在的系主任刘福泰教授是建筑界的前辈，在

他的手下正不知有多少雄伟的建筑物耸立了起来。很幸运的，现在他来带领本系的同学们了，这更保证了建筑系的成长。本系现有教授五位，讲师三位，助教四位，下学期还要增聘一些。师生的合作无间是建筑系的特色，你只要到绘图室里去看看，这儿一组那儿一组的在研讨着、学习着，你将会分不清楚谁是师长，谁是同学……

1950年5月22至26日，中国交通大学在校部召开系主任会议，由茅以升校长主持，主要讨论了中国交通大学的性质。铁道部副部长武竞天到会听取意见并给予指导。经讨论决定：1. 中国交通大学性质为办好新民主主义高等技术教育；2. 各系总任务为：适应人民铁道建设及其他经济建设的需要，主要培养较高级的专门技术人才，其次培养技术研究与技术教育人才；3. 各专修科（俄文专修科除外）总任务为：适应人民铁道建设需要，在短期内培养大量具有专门技术的制造、运用、养护及管理人才，俄文专修科的任务为在短期内培养人民铁道建设所需要的俄文翻译人才。

会议讨论了1950年度分系、分科、分组问题，就唐山工学院而言，决定大学本科（以高中毕业学生学习四学年为准）设土木工程、建筑工程、采矿工程、冶金工程、电机工程、机械工程、化学工程七个系。专修科（以高中毕业学生学习二年为准）设铁道路线、铁道桥梁、铁道房屋、铁道机务、铁道厂务、建属加工七个专修科。

本科各系分组，按生产建设需要及各系具体情况，采取重点发展的原则，唐山工学院土木工程系分设路线、桥梁、水利及市政卫生四组。建筑工程系分设设计与结构两组。采矿工程系分设采煤与采金两组。冶金工程系分设冶炼与制造两组。电机工程系分设电力与电信两组。机械工程系分设机车与制造两组。化学工程系分设设计组与专业四组，包括窑业（耐火材料、电磁、水泥、玻璃）、酸碱、油漆、煤膏。

为了更有效地领导教学与学术研究工作，更有计划地提高已有教师的教学水平与培养新教师，根据苏联和本校以往经验，会议决定，京院与唐院根据具体情况逐渐组织成立各学科教学研究室。教研室是以一个或几个有着密切联系的学科组成，是学校最基本的教学组织，其任务是：做好教学工作；进行学术研究工作；培养新教师；提高本室成员的科学文化水平与政治思想水平。建筑系随后相继组建成立建筑设计、营造、建筑理论、劳美等4个教研组。

理论联系实际一直是学校办好工程教育的信条。新中国成立后这一传统得到了进一步的重视和加强，很多教师从国内实际情况中搜集材料，如建筑系以改造唐山车站来进行设计，土木系把唐山市作为都市设计教学的对象等，教师们利用寒假、春假、暑期等，率领学生到各地城市、厂矿参观，教学中充分注重实习，为现实服务、围绕生产学习成为师生们的共同理念。

一年匆匆过去，因为种种原因，唐振绪拟议的扩充组建中国交通大学的计划未能有效推进（仅含京唐两院）。民国时期同属国立交通大学系统的上海交通大学（新中国成立后由中国人民解放军上海市军事管制委员会接管）此时对中国交通大学校名提出异议。1950年8月27日，经中央人民政府政务院第四十六次政务会议通过，提请中央人民政府委员会批准，校名改为北方交通大学，由铁道部直接领导，唐、京两院依旧。茅以升、金士宣继续分任正副校长。

1950年暑期中，以中国交通大学唐山工学院名义新聘的一批教授陆续到校，而至9月新学年开学时校名已改为北方交通大学。这批教授、讲师和助教共有32人，计有土木系教授黄万里、黄炳亮、沈智扬、顾培恂、竺士楷；采矿系主任何杰、教授边兆祥、副教授王继光；电机系主任任朗、教授张万久等。此外，已接聘书而尚未到校的还有罗英、朱定一、王节尧、高渠清、徐采栋、余国琼等，唐院的教授队伍又得到了加强。

经刘福泰主任约请，原中央大学知名教授徐中来唐山担任建筑系教授，兼任四年级建筑设计教学。他此时是北京贸易部聘请的基建处顾问建筑师，因为设计北京东单的贸易部大楼刚从南京中央大学调到北京，他还兼任华泰建筑师事务所的顾问建筑师。不久，因刘福泰年岁已高，徐中教授继任建筑系主任。

学校还延揽到刚从美国留学回国的沈玉麟讲师，他在美国伊利诺伊大学获建筑硕士及城市规划硕士学位。唐山老校友庄俊之子庄涛声在美国拿到建筑硕士学位，按照父亲的意思到他的母校唐院担任城市规划原理和建筑设计课的教学。张建关讲师担任雕塑课教学，樊明体副教授担任水彩画教学，孙恩华讲师担任造园学教学。

这一时期，唐院建筑系教师队伍实力大增，多数教师具有学院派教育背景，中央大学毕业的教师很多，且有几位教师是美术专业出身。建筑系的教学思想也由注重"工程"开始转向"工程及艺术"并重。

建筑系暑期参观实习

1950年暑期，土木系市政及建筑两组本科共14人，由副教授顾夏声率领指导，赴北京市卫生局、长春市工务局和沈阳市工务局，从7月15日起到8月底，进行专业实习四十六天。其后再于9月1日开始，到北戴河进行测量实习（包括平面测量和铁路测量）一个月，由伍镜湖、邵福昕、罗河三教授及讲助多人指导。

建筑系二、三年级学生约20人由教授戴志昂等率领，赴东北实习一个半月。内容包括在山海关至沈阳、沈阳至大连间沿线依据计划做调查研究工作，主要是铁路车站建筑设计，其学习范围有：（1）研习铁路车站建筑总平面图，并加以实地测绘；（2）研习车站建筑结构；（3）研习车站建筑各种设备；（4）研习车站各部门之工作状况及各部门之工作联系；（5）研习车站建筑之优劣；（6）调查设计车站建筑应需之材料；（7）研习车站建筑各部门之应用等。到现场后由于涉及保密关系，戴志昂教授对实习计划进行了调整。

建筑系一年级学生十二人，亦安排前往东北参观。

戴志昂教授与建筑系学生在西讲堂前

建筑系新中国成立后两年的总结

1951年5月15日，建筑系即将迎来新中国成立后第一届毕业生。将近2年来，建筑系在新旧两种制度、两种教学体系中摸索适应，对未来也有所企望。在唐院举行院庆活动之际，各系（包括专修科）都进行了回顾和总结。建筑系当时的报告为如今了解那段特殊岁月的建筑教育活动提供了宝贵史料。

唐院的建筑系成立将近五年了。在短短的五年里面，新中国成立前的三年里是一个艰苦支撑的局面，但是一到解放，这些便完全成了过去的历史。两年来，完全是以崭新的姿态，年轻的精神生长发展起来的。

二年的时间是很短的，但是和新中国的一切建设事业一样，建筑系的各方面也是在从无到有、从简陋到充实的历程中迅速飞跃着。今天，可容一百多人的大绘图教室设立起来了，在这里面，陈列着各种建筑模型、结构模型、材料样品、图表画片以供随时之研究与参考。素描室也充实起来了，现有石膏模型大小二十多件，写生静物六十余件。室内托衬红幕绿毯配光良好，极富艺术意味，算是一个相当够标准的素描室。木工室及雕塑室也慢慢地健壮起来了，现有设备，可供十余人同时工作，半年来便有数十件模型在这里制出，其中包括木料模型、纸料模型及石膏模型等。更有数十种工作器具与小型家具由同学自己设计制出。为了需要，不久即将设置小型锯床、刨床、车床等机器，以供精细模型的制作。其他如暗室设备、电化教育设备及摄影设备等有的已具雏形，有的正在筹划中，关于材料实验室及测量等设备情形，因多系与土木系合用，故不多述。

在学制与教学方面，经两年来不懈的努力，已经有了初步的结果与收获。建筑系的功课大致可分为四类。第一类是建筑设计与建筑理论方面的功课。无疑这在建筑系的功课中是占有相当重要的分量。要使设计水准提高，必须要使理论认识提高，但提高的理论认识也必然要服务于建筑设计，所以我们强调两者的结合，强调两者的重视。在这方面特别值得提出的是我们的集体改图、评图制；在改图评图时，每位先生和每位同学都可提出自己的意见，在不断的取长去短的过程中达到统一的结果，在这个过程中，正确地发挥了大家的智慧和才能，更发挥了相互学习的精神，所有这种教学的方法是有着其肯定的成绩。今后将在这成功的基础上继续努力，以求得到更大的收获。

第二类是结构方面的功课。我们的方向是工程与艺术并重，所以对结构是非常重视的；除了一般的结构课程，如厂房设计、钢房设计、钢筋混凝土及基础工程等为各组必修外，在结构组中还增加了超定结构、高等钢筋混凝土等必修课程，以提高较深理论的研究而达到培养真正的建筑结构专门人才的目的。

第三类是建筑设备方面的功课。包括暖气、通风、电话、卫生设备等功课，这方面的功课，两年来一直无专人任教。今后应急待解决此问题。

第四类是劳、美方面的功课。如何增进审美能力，增加色彩认识与体形观念等来达到配合建筑学习是这类功课的主要目的，因此素描、透视、水彩等课程都是围绕着这个目的而进行的。明确了这一点，对教与学都有很大的帮助，开始纠正纯艺术观点与纯工程观点的偏向，树立了正确的学习态度。单就模型而言，这两年的经验告诉我们，它对设计是有着莫大的帮助，因为往往有些毛病与缺点在制成模型后便能很快发现，所以我们今后还要发挥模型实物帮助教学的功能。

在新民主主义建设飞跃发展时期，土木和建筑工程将是一切建设的重要力量，我们知道，新的城市将在祖国的大地上不断建成。工厂、学校、医院、托儿所、戏院、俱乐部、集体住宅、集体农庄……都要在祖国的大地上矗立起来，我们要把大地变成乐园，我们也要把沙漠变成良田。因此，本系除原有设计、结构两组外，还陆续增设都市计划组、建筑设备组与造园组；并正在筹备增设铁道房屋专修科，以应铁道房屋建筑的迫切需要。事实上即便是这样的扩充，还是远不能满足大规模建设对于建筑人才的迫切要求。

在这次迎接四十六周年院庆（注：指从1905年唐山复校算起）纪念日的时候，本系特举办了一年一度的成绩展览，展览共分设计、理论、营造、劳美等四部分，都是本系师生一年来教学成绩的结晶。

唐山工学院建筑系 1951 年第一届毕业生所学课程

		一年级 （1946 年度）	二年级 （1947 年度）	三年级 （1949 年度）	四年级 （1950 年度）
公共基础课		微积分（10） 物理（8） 经济学（3） 国文（4） 英文（10）		政治（3）	政治（3） 俄文（3）
专业课	设计课	建筑图画（2.5）	建筑设计（1.5）	建筑设计（1.5）	高等建筑设计（16）
	绘图课	图形几何（2） 图形几何画（3）	透视学（1.5） 阴影法（1.5）		
		徒手画（1.5） 写生画（1.5）	模型素描（2） 水彩画（1.5）	水彩画（3）	模型塑造（3）
	史论课		建筑史（6） 建筑理论（3）	中国建筑史（2）	城镇设计原理（5） 造园学（2）
	技术及 业务课	测量（2） 测量实习（1.5）	营造学（6） 力学（5） 测量学（2） 测量实习（1.5） 材料力学（5）	结构学（3） 结构设计（7.5） 施工估价（2） 施工图（1.5） 冷暖气通风及卫生（1.5） 中国营造法（2） 钢筋混凝土（3） 工程材料（1.5）	钢筋混凝土设计（3） 材料试验（1.5） 高等结构 焊接结构 拱型设计 高等钢筋混凝土学
	毕业论文				建筑研究及自著论文

注：课程括号内数字为学分

　　承担上述课目的教师，有教建筑设计的徐中、刘福泰、宗国栋、沈玉麟、庄涛声、童鹤龄、郑谦、周祖奭、何广麟等，教素描水彩的樊明体，教雕塑的张建关副教授，教结构力学的赵祖武，教结构的余权，教中国建筑史的卢绳，教画法几何的朱耀慈，兼课建筑初步的陈干和兼课声学的向斌南。

　　横跨新旧体制的1951届，课程因时调整，总体上技术类课程的门数和学分数是最多的，比较鲜明地体现了唐山工学院建筑系的教学思想，其中不少技术课是跟土木系学生同堂上课，使得建筑系学生具备了土木工程师的素质。这反映出依托传统强大土木工学教育而衍生发展的建筑系所具有的特点。

建筑系在北方交通大学唐山、北京两院内部调转

　　在1952年全国性的院系调整开展之前，北方交通大学内部就已经开始了局部的系科及人员调整。鉴于当时新中国各类建设事业亟需专门人才加盟参与，大学工程院系师生也被要求参加。

　　1951年5月，铁道部下令将建筑系四年级的8名学生及教师抽调到北京，承担京院新选址的西直门外红果园校址全部新校舍的设计工作。徐中教授任北方交通大学建筑工程司负责人，建筑系8名学生与建筑设计教师徐中、沈玉麟、庄涛声和新聘来的童鹤龄、郑谦以及结构教师等分工负责各项工程设计。新校舍总平面由徐中负责，其他的教学楼、饭厅、办公楼、图书馆、陈列馆、学生宿舍、教职工宿舍、卫生院等单体都由一名毕业班的学生与指导教师负责，学生要完成全部建筑、结构、水、暖、电的施工图，这对即将毕业的学生来说是极好的实战锻炼。

建筑系部分师生在京院时合影，摄于1951年

铁道部领导考虑到首都北京需要建设，建筑师都要去北京工作。由于徐中教授兼贸易部基建处顾问建筑师与华泰建筑师事务所顾问，宗国栋在北京开设有华栋建筑事务所，另外也有其他建筑教师要为北京建设服务，建筑系由唐山移设北京。该项方案经北方交通大学校部议定后，由铁道部报经教育部批准并备案。教育部马叙伦部长1951年9月17日批准后，10月建筑系赴京。由于刘福泰年岁已高，不再担任系主任，由徐中接任。建筑系1951年毕业留校的周祖奭助教为秘书，全系分为四个年级，学生约100人，每个年级约20人。

教师15人划赴京院，他们是教授徐中、刘福泰、戴志昂3人，副教授宗国栋、沈玉麟、张建关、卢绳4人，讲师樊明体、庄涛声、朱耀慈3人，助教郑谦、童鹤龄、何广麟、周祖奭、沈承福5人。

唐院建筑系整体划转组建天津大学土木建筑系

1952年，我国高等院校学习苏联高校体制模式，单科性的院校一般不称大学，称学院。许多大学的工学院以相同或相近系科为单位合并改组成行业性学院。北方交通大学京唐两院的系、专修科均作了较大的调整。

1952年5月24日，铁道部决定：（1）北方交通大学校部自5月15日起撤销；（2）唐山工学院改名唐山铁道学院，北京铁道管理学院改名北京铁道学院。两学院各自独立，改属铁道部直接领导。7月17日，铁道部又发文，"划定唐山铁道学院专事培养铁道工务、机务及电务、电机人才"。

从这一年的8月开始，全国进行大范围、大规模的院系调整。唐山铁道学院冶金系的师资、学生、设备、图书等，原则上全部调至新组建的北京钢铁学院（今北京科技大学）；采矿系原则上调整到中国矿业学院（今中国矿业大学），惟其中的地质组调整到北京地质学院；化工系并入天津大学；土木系水力组调至清华大学。

在北京铁道学院的原唐院建筑工程系，包括全部教师及学生整体调至天津大学，成为今天天津大学建筑学院初始组建的主要力量。徐中教授后来担任天津大学建筑系主任近三十年，唐院建筑系工程与艺术并重的风格影响到之后的天津大学建筑系。唐山工学院建筑系1951届的何广麟、周祖奭、沈承福，1950年在唐院入学、1953年在天津大学提前毕业的彭一刚、胡德君、屈浩然、沈天行、许松照等优秀毕业生都留在天津大学建筑系任教，周祖奭、胡德君还相继担任天津大学建筑系主任，彭一刚为天津大学建筑学院名誉院长，为天津大学的建筑学教育做出了重要贡献。

建筑系部分教师

刘福泰（1899 ~ 1952 年），广东宝安人

教育背景：

1923年 （美）俄勒冈州立大学（Oregon State U.）建筑系学士毕业；1923年于该校建筑系硕士毕业

经历：

天津万国工程公司建筑师

（上海）彦记建筑事务所建筑师

1926年 广州中山纪念堂设计竞赛名誉第一奖（《申报》，1926年9月5日）

1927~1934年 中央大学建筑工程系主任、副教授

1928年2月 经巫振英、李锦沛介绍加入中国建筑师学会

1928~1938年 参加全国大学工学院分系科目表的起草和审查

1933年 与谭垣合办刘福泰谭垣建筑师都市计划师事务所（Lau &Tam）

1937~1940年 中央大学建筑工程系教授、系主任

（重庆）刘福泰建筑师事务所

中国建筑师学会重庆分会会员

1944年9月 中国营造学社社员

1946年 创办（天津）北洋大学建筑工程系

1948~1951年 唐山工学院建筑工程系主任

1950年 中国建筑师学会登记会员

作品：

"杭州六和塔复原状计划"拟改道图样，并作庭院布置计划（1935年）

中山陵扩建设计方案

著作：

建筑与历史 [N]. 申报，1932-12-5

建筑师应当批评么 [J]. 中国建筑，1933，1（1）；申报，1933-4-11.

徐中（1912～1985年）字时中，
江苏武进（今江苏常州）人

教育背景：

1935年7月　中央大学建筑工程系学业毕业

1937年7月　（美）伊利诺伊大学硕士毕业

经历：

1937年　回国从戎，在国民党军政部城塞局任技士

1939年　（重庆）中央大学建筑工程系讲师，次年晋升教授

（重庆）兴中工程司建筑师

1943年　重庆市工务局技（副师）申请开业登记

1944年9月　中国营造学社社员

1947年5月　南京市工务局建筑师申请开业登记

1947年　交通部民航局兼任专员

1948年　南京建筑技师工会理事

1949～1950年　南京大学建筑系教授

1950年　贸易部基建处及（北京）华泰建筑师事务所顾问建筑师

1950年　中国建筑师学会登记会员

1950年　加入九三学社，曾任九三学社中央委员、天津分社副主任委员

1950年　受北方交通大学唐山工学院建筑工程系刘福泰教授之聘，兼任教授；次年任系主任

1952年　唐院建筑工程系与天津商学院建筑系并入天津大学合组土建系，任教授、设计教研室主任

1953年　天津市建筑学会第一～五届副理事长，名誉理事长（1984年）；中国建筑学会第一～三届（1953年10月、1957年2月、1961年12月）理事，第四届（1966年3月）常务理事，第六届（1983年11月）名誉理事

1954年　天津大学建筑系主任、教授

1955年　出席荷兰海牙第五届国际建筑师协会大会

1956年　在天津大学首届科学报告会上宣讲"建筑与美"

1959年4月　在上海参加由中国建筑学会组织的建筑艺术座谈会，发表论文《建筑的艺术性在哪里》

1965年　出席法国巴黎第十届国际建筑师协会大会

第五届全国政协委员，天津市政协委员、常委

作品：

青岛金城银行经理住宅

南京国立中央音乐学院校舍，馥园新村住宅（1948年），交通银行行长钱新之住宅

北京商业部进口公司办公楼，对外贸易部办公楼（1950～1952年）

天津大学第五至七教学楼（1952年），第八、九教学楼（1953年），图书馆（1958年）

著作：

批判地继承遗产 [N]. 光明日报.

建筑和建筑设计 [J]. 1960.

论建筑功能与建筑艺术的关系 [N]. 光明日报，1962.

发挥主观能动性，创造社会主义新风格 [J].

建筑形式美的规律 [J].

试论建筑风格的决定因素 [J]. 建筑师，1981（6）.

林炳贤

籍贯广东惠州。1918年在香港中学毕业后入美国俄亥俄大学土木工程系学习，1922年获建筑工程师学位。回国后在天津任林泰工程公司工程师，天津英工部局注册卫生工程师。1929年任交通大学唐山土木工程学院副教授，担任所有建筑、市政工程方面的课程。1931年考取英国皇家建筑师学会会员（RIBA）。1932年负责建筑工程学系的筹划，1946担任第一任系主任，直至1948年底离校返港。

约根森（N.C.JORGENSEN）

开滦矿务局英籍丹麦人，总建筑工程师，兼任唐院建筑系教授，担任徒手画及透视阴影学、外国建筑史等课程。

李旭英

女，字絮英，籍贯北京。中国交通大学唐山工学院建筑工程系教授。国立北京大学艺术学院实用美术系毕业。历任国立北京大学艺术学院及北京国立艺术专科学校图案科图案教授。

戴志昂

籍贯四川成都。中国交通大学唐山工学院建筑工程系教授。国立中央大学建筑工程系毕业。曾任中央大学工学院助教，交通部修建工程处主任，交通部技术厅技正，公路总局工程顾问，铁路总机厂建筑顾问，四川艺术专科学校建筑系教授、北京大学工学院建筑系教授等职。

刘国恩

字健华，籍贯辽宁昌图。1932年毕业于东北大学建筑工程系，曾任兵工署制造司技正，曾任职于重庆中国建筑师事务所。

王挺琦

籍贯江苏武进。国立唐山工学院、中国交通大学唐山工学院、北方交通大学唐山工学院建筑工程系副教授。国立艺术专科学校毕业，美国芝加哥美术专门学校及耶鲁大学美术学院研究。曾任国立中央大学、重庆大学、国立艺专、上海美专等教职。

宗国栋

籍贯江苏常熟。国立唐山工学院、中国交通大学唐山工学院、北方交通大学唐山工学院建筑工程系副教授。1943年同济大学工程系毕业，美国纽约普乐大学建筑系毕业，布碌伦大学工程硕士，哈佛大学建筑系研究院、美国劳力谋建筑事务所及雷门特建筑事务所建筑师，基泰工程司建筑师。

卢绳

字星野，籍贯江苏南京。中国交通大学唐山工学院、北方交通大学唐山工学院建筑工程系兼课讲师，随即聘为专任副教授。国立中央大学建筑工程系毕业。中国营造学社研究员，中央大学建筑系助教，重庆大学建筑系讲师，内政部营建司副工程师，国立北京大学建筑系讲师。

沈玉麟

籍贯浙江杭县。中国交通大学唐山工学院、北方交通大学唐山工学院建筑工程系讲师、副教授。之江大学建筑系毕业，美国伊利诺伊大学建筑硕士，都市计划硕士。上海协泰建筑事务所建筑师，美国圣路易都市计划委员会都市设计师。

樊明体

北方交通大学唐山工学院建筑工程系副教授，担任水彩画教学。

张建关

籍贯江苏丹阳。中国交通大学唐山工学院、北方交通大学唐山工学院建筑工程系讲师、副教授。上海新华艺术专科学校毕业。曾在国立重庆师范、江苏省立江宁师范等担任教职。

包伯瑜

中国交通大学唐山工学院讲师，讲授营造学课程。

孙恩华

字乐吾，籍贯浙江吴兴。中国交通大学唐山工学院、北方交通大学唐山工学院建筑工程系讲师。国立中央大学建筑工程系毕业。曾任重庆市工务局技佐，军医署技士、副工程师，浙江省政府技正专员，卫生处工程室主任等职。

庄涛声

上海人。毕业于之江大学建筑系，1948年9月毕业于美国伊利诺伊州立大学建筑学专业，获硕士学位。北方交通大学唐山工学院建筑工程系讲师，担任城市规划原理和建筑设计课程的教学。

沈狱松

中国交通大学唐山工学院助教，辅导建筑设计。

沈左尧

1945年毕业于国立中央大学艺术系，曾任中华全国美术会秘书。1949年8月任中国交通大学唐山工学院助教，担任素描、图案课程。

陈家墀

籍贯浙江余姚。中国交通大学唐山工学院、北方交通大学唐山工学院建筑工程系助教。国立中央大学建筑工程系毕业。曾任国立中央大学复员委员会工程组助理工程师，资源委员会工程室技佐。

郑谦

毕业于之江大学建筑系，北方交通大学唐山工学院建筑工程系助教。

朱耀慈

毕业于之江大学建筑系，北方交通大学唐山工学院建筑工程系助教。

宋燊初

籍贯浙江余姚。中国交通大学唐山工学院、北方交通大学唐山工学院建筑工程系助教。国立唐山工学院土木系建筑组毕业留校。

徐子香

籍贯江西吉安。中国交通大学唐山工学院、北方交通大学唐山工学院建筑工程系助教。国立唐山工学院土木系建筑组毕业留校。

童鹤龄

毕业于中央大学建筑系，中国交通大学唐山工学院、北方交通大学唐山工学院建筑工程系助教。

周祖奭

籍贯上海。中国交通大学唐山工学院、北方交通大学唐山工学院建筑工程系助教。唐山工学院建筑工程系毕业留校。

何广麟

籍贯广东。中国交通大学唐山工学院、北方交通大学唐山工学院建筑工程系助教。唐山工学院建筑工程系毕业留校。

沈承福

中国交通大学唐山工学院、北方交通大学唐山工学院建筑工程系助教。唐山工学院建筑工程系毕业留校。

招生班次与毕业

从1946年到1950年，唐山工学院建筑系共招收了5届学生，共计百余人。

1946年9月，国立唐山工学院建筑工程学系在北平、上海、唐山三地设立考区，计划招生40名。因当年从四川璧山复员回唐，接收校址，整修校舍，新学年迟至11月方才开学。1946至1947学年到唐山正式注册的建筑系学生有以下14人：

何广麟（C721）、王季能（C723）、周祖奭（C724）、陈靖（C729）、靳海昌（C737）、沈承福（C760）、陈岳（C778）、程作渭（C788）、史美彬（C793）、吴桃恺（C813）、陈立（C815）、周心恺（C828）、贺宗文（C830）、侯国桓（C839）。

资料显示，公布录取名单的范廉洁并未到校注册。一学期后，靳海昌转土木系。升入二年级时只有何广麟、王季能、周祖奭、陈靖、沈承福、程作渭、吴桃恺和周心恺8人。史美彬降入下一班，靳海昌、陈岳、陈元后转土木系。

1947年8月，国立唐山工学院建筑工程学系在北平、上海、汉口、广州和唐山五地设立考区进行招生，1947～1948学年在唐山正式注册的建筑系学生有以下16人：

洪高山（C914）、赵师强（C920）、古绍杰（C928）、宗福腴（C930）、刘湧康（C931）、史轶程（C932）、张苏（C946）、郑永用（C954）、谭振耀（C956）、郑仲增（C968）、石学海（C976）、刘正民（C983）、高泽兰（C984）、曾文章（C994）、邱岳（C997）、张志明（D2）。

另有试读生新生陈金蓉、杨慎言、周光玢、王庭菊、王鉴芬、张汝功6人，王广苓在建筑系二年级试读，次年考试转为正式生。录取并保留学籍的建筑系一年级新生有潘诞菊、陈骥、铉博昌、李玉岭4人。潘诞菊后来在1949年秋正式注册就读，学号为D429。王鉴芬次年考试转为正式学生，注册号为D16。古绍杰、刘湧康、刘正民后来休学，高泽兰转采冶系，曾文章、邱岳转土木系。

1948年8月，国立唐山工学院建筑工程学系在北平、上海、汉口、重庆和唐山五地设立考区进行招生，共录取新生王亚祥、陆锡麟、姚富洲、陶宏文、张继声、王鉴芬、汪寅宝、王子雄、袁名敦、张良知10人，建筑系二年级转学生金柏荣、李庆培、李家瑾3人。录取备取新生7人：战广良、傅匡秀、朱景尧、张子愚、李希文、肖国柱、涂敦智，建筑系二年级转学生顾祖慰。

由于当时华北局势已渐趋紧张，许多被录取的新生没能在10月到唐山报到。1948至1949学年在唐山正式注册的建筑系新生只有以下4人：傅匡秀、张继声、肖国柱、王鉴芬。此外还有建筑系二年级转学生金柏荣、李庆培、李家瑾。

1949年7月，国立唐山工学院由新中国军委铁道部接收，更名为中国交通大学唐山工学院。6月30日，滕代远部长批准了当年的筹备招生事项，计划在北平、上海、武汉和唐山四地招生，计划名额40人。至10月新学年始，到唐山正式

三年级学生（右起）沈承福、周祖奭、
王季能、何广麟、程作渭在东讲堂前

注册的学生有以下24人：

刘汇川（D180）、杨永才（D188）、许孝兴（D189）、许生鸿（D191）、李家骏（D193）、狄士嘉（D194）、胡松鹤（D214）、齐志成（D242）、金大勤（D243）、韩德厚（D249）、吴克明（D252）、陶宏文（D258）、梁炳亮（D267）、李彦一（D274）、王希成（D279）、邵明锋（D294）、段又锁（D307）、梁征祥（D323）、诸葛瑞（D332）、卫振杰（D336）、陈毓清（D346）、胡绍锠（D359）、齐达礼（D372）、李友三（D373）。

其中，陶宏文是1948年录取保留学籍的。潘诞鞠是1947年录取保留学籍的，于1949年度下学期转来，注册号为D429。

本学年度，1947年入学的重新读二年级，但人数已减少到12人，原采冶系的彭华亮转入，共计13人。而重读建筑系三年级的有8人。

1950年度建筑系的招生与录取

中国交通大学系主任会议5月议定，唐山工学院如能解决房屋建筑费，该年暑期课招收新生900人，当中建筑系一班共50人。铁道房屋专修科50人。本年中国交通大学招生京唐两院分别办理，但招生通告及新生发榜则全校统一进行。

建筑系学生彭一刚

根据教育部招生指示，唐院招生办法决定，招添新生十八班共计900人。华北区十七个专科以上院校组织联合招生委员会，进行统一招生事宜。参加之十七校计有：清华、北大、师大、燕大、北京农业大学、南开大学、北洋大学、河北工学院、河北师范学院、焦作工学院、山西大学和中国交通大学京、唐两院，以及北大医学院、河北医学院、河北农学院、河北水产专科学校。6月7日召开第一次会议，决定设北京、上海、广州等十三个考区，由各院校分别负责。唐院与北大共同负责广州区，并单独负责唐山区。史家宜、刘福泰、张敬忠教授等五人参加广州区招考工作。建筑系招收新生一班50人的计划得以确认。

8月下旬，华北高等学校联合招考各院校录取新生名单在北京公布。唐院七系六专修科共录取一年级新生704人，计土木系肖正兴等102名，建筑系彭一刚等50名。当年建筑系实际入学注册的有以下30人：

杨自哲（D460）、徐文焕（D466）、邹启煎（D471）、李振中（D487）、林兆龙（D489）、胡德君（D496）、陶德坚（D506）、何重义（D507）、王楸正（D526）、彭一刚（D549）、屈浩然（D556）、廖景生（D650）、沈天行（D669）、刘宝箴（D715）、张龙翔（D718）、陈祖荫（D719）、李培德（D720）、魏鸿飞（D721）、胡炳生（D722）、唐恢一（D725）、孙树源（D734）、许松照（D756）、李兆民（D766）、邓林翰（D769）、方永胜（D771）、梁本初（D774）、罗景晖（D777）、刘德裕（D783）、宋元谨（D798）、周文贤（D816）。

截至1951年6月，北方交通大学唐山工学院1950年度建筑系共有4个班，学生人数66人。其中一年级1班30人（应为1954届）、二年级1班15人（应为1953届）、三年级1班14人（应为1952届）、四年级1班7人（应为1951届）。

建筑系学生毕业情况

北方交通大学唐山工学院建筑系1951届7人（1946年入学唐院5年）：何广麟

（C721）、王季能（C723）、周祖奭（C724）、陈靖（C729）、沈承福（C760）、周心恺（C828）、吴桃恺（C813）。

原唐山工学院建筑系1952届，因北方交通大学建制撤销在北京铁道学院毕业，有12人。他们是：洪高山（C914）、宗福腴（C930）、史轶程（C932）、彭华亮（C945）、张苏（C946）、郑永用（C954）、郑仲增（C968）、石学海（C976）、张志明（D2）、王鉴芬（D16）、李庆培（D20）、金柏荣（D73）。

原唐山工学院建筑系1953届，因北方交通大学建制撤销，于1952年在北京铁道学院毕业，有22人。他们是：刘汇川（D180）、杨永才（D188）、许生鸿（D191）、李家骏（D193）、狄世嘉（D194）、胡松鹤（D214）、齐志成（D242）、金大勤（D243）、韩德厚（D249）、吴克明（D252）、陶宏文（D258）、梁炳亮（D267）、李彦一（D274）、王希成（D279）、段又锳（D307）、梁征祥（D323）、诸葛瑞（D332）、卫振杰（D336）、陈毓清（D346）、胡绍锠（D359）、齐达礼（D372）、潘诞鞠（D429）。

唐山工学院1954届24人（1950年入学转至天津大学1年提前于1953年毕业，属天津大学第一届毕业）：邹启煎（D471）、林兆龙（D489）、胡德君（D496）、陶德坚（D506）、何重义（D507）、王楙正（D526）、彭一刚（D549）、屈浩然（D556）、廖景生（D650）、沈天行（D669）、刘宝箴（D715）、李培德（D720）、唐恢一（D725）、孙树源（D734）、许松照（D756）、李兆民（D766）、邓林翰（D769）、梁本初（D774）、宋元谨（D798）、周文贤（D816）。

资料显示，杨自哲、徐文焕、李振中、张龙翔、胡炳生、罗景晖、魏鸿飞、陈祖荫、刘德裕、方永胜未转入天津大学。因不同原因，程作渭延期于1952年毕业，谭振耀延期于1956年毕业，李友三于1953年毕业。

彭一刚自述：人生道路上的求索

彭一刚
1953 年毕业，注册号 D549

　　1932年9月3日我出生于安徽合肥，不过到记事的时候已经是在安庆（当时的安徽省会）了。1937年7月7日发生卢沟桥事变，爆发了抗日战争。为避难，我随家庭迁到皖西立煌（新中国成立后改为金寨县），那时我5岁。战争的烽火虽然弥漫全国，可是作为不谙世事的儿童，还是愉快地在这座偏僻的山城中度过了童年。这里山清水秀，花木扶疏，诚如陶渊明笔下的世外桃源，以至多年之后还魂牵梦绕，留下许多美好的回忆。

　　由于战乱，小学的六年我更换了三个学校，但每搬迁一次都能及时地转入新校而从未辍学，可见家长对于子女教育的重视。至于自己，也不敢懈怠，即使生病在家，也生怕耽误了功课。所以我小学毕业时成绩优异，报考初中时在200多名考生中名列第二。

　　初中阶段学习有所放松，一方面是由于骄傲自满，自恃比别人聪敏，不肯在学习上下苦功夫，另外也可能是放任了自己的兴趣，以至分散精力。童年时的我兴趣很广泛，其一是喜爱绘画，另一方面是制作玩具。在上小学的时候就偏爱美术课，但却不满足于老师所教的那一套东西，认为太简单，没有意思。当时我很想得到一盒水彩颜料，但是地处偏僻的山城，又谈何容易，不过最终还是如愿以偿。今天看来这小小一盒颜料对于培养我的绘画兴趣，乃至选择人生道路却起到了不可估量的作用！战时的皖西，物质条件十分匮乏，在童年的记忆中似乎根本没见过什么儿童玩具，出于兴趣便自己动手制作。可能是生长在战争年代，特别热衷于飞机、坦克、大炮一类的兵器，虽然没有人指导，还是用马粪纸等粗糙的材料自制了许多兵器模型，印象最深的是坦克，由于用橡皮筋作动力，还可以缓慢地爬行。这段时期虽然考试成绩平平，但我在培养绘画兴趣、想象力和创造性方面却收获不菲。

　　到了高中我开始奋发读书，成绩逐步回升。1950年高中毕业，报考大学选择系科颇费一番踌躇。学工程的目标虽坚定不移，但选择哪一类工程却犹豫不决。以当时的情况看机电一类系科堪称热门，特别是动力和机械我也怀有浓厚兴趣，按理就应当报考这一类专业。但是我对绘画也情有独钟，不肯舍弃。几经权衡还是报考了建筑系。今天回头来看，我之选择学建筑也只是一念之差，带有很大的偶然性。由于对唐山交大的仰慕，便报考了该校的建筑系，入校后方知交大的精华在土木、采矿，好在建筑学的特点主要靠自己努力，加之交大有良好的传统和学风，入学之后便投入了紧张的学习。

　　大学的时间极为短暂，本来是四年制，但新中国成立初期国家急需建设人才，便提前一年毕业，而在这短短的三年之内又经历了抗美援朝、参军参干、"三反五反"、知识分子思想改造等一系列政治运动，真正用于学习的时间仅两年左右，似乎是刚一入门便到了该毕业的时候了。大学毕业也可算是人生又一十字路口，它往往决定一个人的成长和命运。何去何从？在临近毕业时总免不了要在大脑中萦绕回荡。新中国成立之初，正处于经济恢复时期，除少数大设计院可以揽到一点好的项目外，一般的设计院所做的多是一些大路货。而留校教书至少还可以在象牙塔上获取一点精神上的享受，譬如说还有机会接触到一些国外的图书杂志等。不过毕业分配完全由组织上安排，个人是没有什么选择余地的。幸好还没到毕业我就被抽了出来，名义上是参加院系调整后天津大学建校工程的设计工作，实际上则是留校补充师资队伍，这倒和我个人兴趣完全吻合。由于师资严重短缺，毕业不久就上了第一线。不过倒也没有感到吃力，甚至还受到学生们的欢迎，这一方面是出于自己的努力，另一方面也离不开老教师、特别是徐中先生的指点。徐中先生不仅学识渊博，具有很高艺术修养和深厚的功力，而且还有丰富的教学经验，来到唐山交大后便备受学生的欢迎。在学生阶段我很少有机会聆听他的教诲，留校任教并作为他的助手，向他学习的机会便得天独厚。

参加工作后，尽管我对本职工作兢兢业业，并且做出了一些成绩，但所得到的回报却适得其反。在"左"的思潮影响下，一连串的批判接踵而来，诸如重业务轻政治、只专不红、走白专道路……帽子一顶一顶地扣在头上。特别是学术思想批判更是让人无所适从。建筑学兼有科学和艺术双重性质，建筑设计从某种意义上讲就是一种艺术创造，可是在历次政治运动中却首当其冲，被看成是贩卖资产阶级思想的大本营。特别是我，由于对建筑美学怀有特殊兴趣，于是被当作向学生灌输唯美主义的罪魁祸首。在这种政治氛围下，要想做一点学术研究几乎是不可能的。

这种状况一直延续到"文化大革命"后期才有了一点转机。大约在1975年左右，大学正酝酿复课，当务之急是要开制图和绘画之类的课程，于是委托我去筹备。我对于建筑绘画及表现图本来就有兴趣，十年动乱一直没有用武之地，搁置了多年又重操旧业自然是倍感兴奋，于是便着手编写教材，并绘制了大量插图。初稿完成后颇受好评，便萌生出版的念头。经与中国建筑工业出版社联系竟被欣然接受，这样我的第一本著作《建筑绘画基本知识》就顺利地出版了。该书出版后不仅受到出版社的好评，而且我还收到一些读者的称赞信。美国明尼苏达大学一位资深教授著名建筑师拉普森也称赞："即便在美国也算得上是一本好的建筑绘画方面的著作。"回国后又来信说："我和我的学生们讨论了你的书，尽管大家不懂汉语，但仅从插图中就能够理解书的基本内容，并且引起了很大的兴趣。"

第一本的成功，引发了我继续写书的激情，此后便一发而不可收，相继出版了《建筑空间组合论》、《中国古典园林分析》、《传统村镇聚落景观分析》、《创意与表现》等四部专著，此外，还改写了《建筑绘画基本知识》，并更名为《建筑绘画与表现图》。

《建筑空间组合论》的基本内容可以说是酝酿已久。早在"文化大革命"之前就曾设想写一本建筑构图原理的书供学生参考，但在1958年的教学思想大辩论中以鼓吹"构图万能"而毒害学生的罪名受到严厉批判，这一次设想没能付诸实践，但写书的念头始终未被泯灭，直到改革开放之后迎来了宽松的学术研究环境，写书的夙愿终于得以实现。

文以载道，《建筑空间组合论》以空间组合为线索，系统地论述了我对建筑中诸矛盾的看法，并以辩证唯物主义的美学观来探讨建筑形式美的法则。它既阐明了我的建筑观，又是一本理论与实践并重、图文并茂的学术专著。书出版之后再次获得好评，并于1983年和1989年分别获得全国优秀科技图书二等奖与国家教委科技进步二等奖。该书自1983年问世迄今已8次重印，累计发行8万余册仍畅销不衰。去年又应中国建工出版社请求，增写了一章专门论述当代西方建筑审美的变异。至此，我这本建筑理论的专著已保持16年畅销不衰。

继《建筑空间组合论》之后的另一本著作是《中国古典园林分析》。这是一本以近代空间理论和构图原理为参照系而对我国传统造园手法作系统、详尽分析的著作。以往的园林著述虽多，但多借重于文字描述，虽绘声绘色，却让人难以琢磨。该书却重在分析，以期揭示其处理手法和美学规律。由于在研究方法上有新的突破，台湾著名学者东海大学王锦堂教授在评论该书时认为："彭一刚的这本园林分析可以说是一本园林建筑新局面的展现，打破了过去描述性的叙述，而由分析探索开始，在方法论层面上澄清了园林设计的原理，让喜爱园林的设计人员有所遵循和依归，这真是一项颇值得称道的革命性研究工作。"该书在大陆出版不久，台湾便有三家出版社不约而同地改用繁体字在台湾出版。由于受到诸多赞誉，该书于1989年获首届全国优秀建筑图书一等奖。

《传统村镇聚落景观分析》可以说是《中国古典园林分析》的姊妹篇，都是以同样的研究方法分别揭示两种不同建筑类型的美学规律。不过以难度而言，前者却超过了后者，这是因为村镇聚落多为村民自发兴建，带有很大的随机性，加之材料分散，遍布于全国各地，要形成一部系统的论著殊非易事。经过三年的努力，该书稿相继由中国建筑工业出版社和台湾地景景观出版社分别出版发行。该书于1996年获第二届全国建筑图书二等奖。

我的第五本著作《创意与表现》是应黑龙江科技出版社的约稿而编写的。1993年该社主管出版业务的副社长曲家东同志来天津，称拟出版一套《当代中国名家建筑创作与表现丛书》，计划把我的这本书列在最先，希望从内容到形式通盘考虑，能为这套丛书提供一个样书。我理解这套丛书实际是个人作品集，内容包括学术论文、建筑创作和建筑绘画及表现图。好在我在这方面还有一些积累，只要加以选择、编辑便可以汇集成册，于是便欣然允诺。在这本书中共选择了与建筑创作有关的论文13篇，建筑创作22项，建筑绘画7幅。该书于1994年出版，1995年获中国北方十省市优秀科技图书一等奖。

除上述五本著作外，我还在各种学术刊物上发表了近40篇论文。我的第一篇文章《适合于我国南方地区的小面积住宅方案探讨》，发表于《建筑学报》1956年第6期，时年23岁，大学毕业尚不足三年，以现在的眼光看不免司空见惯，但在当时却颇引人注目。记得该期的"编后语"中还特别提到：这篇文章为青年教师所作，插图绘制十分精美……至于内容，则是批评住宅设计中不顾国情，盲目照搬苏联一套的倾向。今天看来虽不免幼稚，却颇有年轻气盛、初生牛犊不怕虎的气势。

我年轻时就对建筑设计产生浓厚的兴趣，但是在学校工作毕竟不同于设计院，教学、科研工作总不免要占去一部分时间和精力，例如写书、撰文就占用了我相当一部分时间。但是尽管如此，一有机会便满怀激情地投入到建筑创作实践中。为了确保设计意图的实现，事无巨细都要事必躬亲，许多工程的方案设计都亲自动手画图而不假手他人，并且在画图中务求精细。在施工过程中则不怕劳累，坚持下工地。我在长期实践中深切体会到要搞好建筑创作必须做到以下四点：第一要有炽烈旺盛的创作激情；第二要有开放活跃的创作思想；第三要有健康高雅的审美情趣；第四要有娴熟扎实的基本功训练。我不仅要求学生做到这些，而且自己也是这样身体力行的。

建筑创作实践不同于著书、撰文，它不可避免地要受到诸多外部条件的制约。建筑师的功力、修养和敬业精神固然重要，但还必须有一个良好的外部创作环境，否则方案构思再好，也难以付诸实施。当然，作为建筑师也要善于听取各方面意见，切不可固执己见。这里就存在着一个机遇问题。如果遇到好项目、好环境、好建设单位、开明领导和负责人，并有较富裕的投资，方案构思便得心应手，也容易实现。然而世界上的事不可能样样如意，即使是机遇，也往往是可遇而不可求。明确了这一点，我倒不热衷于某些规模虽大却干预很多的工程。相反，不厌弃某些规模虽小但却可以自由发挥的工程。例如我所设计的天津大学建筑系馆、甲午海战馆、山东平度公园、福建漳浦西湖公园、王学仲艺术研究所、北洋大学100周年纪念亭等都是一些规模较小的建筑，但都力求赋予鲜明的特色和个性。此外，在构思中还试图探索继承与创新的关系，努力创造具有时代性和

彭一刚先生接受
CCTV教育台专访
（2008年4月）

民族性的建筑新风格。工程建成后均受好评，天津大学建筑系馆被评为建国40年来优秀设计，甲午海战馆获中国建筑学会优秀创作奖。

我教了45年书自然是桃李满天下，加之著书、撰文、搞建筑创作，在建筑界不免有一点影响。特别是1995年当选中国科学院院士之后，在人们心目中往往被认为"功成名就"了，尤其是年轻朋友总想了解有什么"座右铭"或"成功之道"。这既使我为难，又使人失望。其实，我没有座右铭更没有什么成功之道。如果说在工作中取得一点成就，总结起来无非是两条：其一是扬长避短，走自己的路。我之所以选择建筑学就是从自己的兴趣出发的。在兴趣的驱动下，无论工作、学习都满怀激情，甚至忘记疲劳，这自然会收事半功倍之效。其二是集中力量打歼灭战。平心而论，我既没有什么天才，也不比常人勤奋，有了这种自知之明，工作中便切忌把摊子摆得太大，战线拉得太长。这样，虽然在整体上并无明显优势，但就局部而言却可以做到时间集中和精力集中，从而使劣势转化为优势。

之所以做出一点成绩就靠这两条，除此无其他良策。

唐院建筑系口述忆往

2016年1月，何广麟、石学海、彭一刚、沈天行和屈浩然学长分别与采访组老师交谈，回忆他们各自报考唐院建筑系以及在校期间的学习、学生活动等方面的情况，留下以下十分珍贵的口述史料。

何广麟

1946年9月考入国立唐山工学院建筑工程系，注册学号C721。1951年毕业并留校任教，1952年院系调整至天津大学，任天津大学建筑学院教授。

我和弟弟何广汉1946年都考进了唐院，我在建筑系，他在土木系。我们中学就在一个班上，一块儿毕业、一块儿上了唐山。本来我们在中央大学附中，都是前几名，可以保送上中央大学的。那时还在重庆沙坪坝，抗战胜利是1945年，国民政府回到南京，我们是1946年在重庆上最后一个学期，然后回到南京中学毕业才解散的。

我们兄弟俩要去唐山念书主要是因为我大哥、二哥是西南联大的。联大在抗战胜利后就分开了，二哥到了清华，大哥是学经济的，就到了北大。那时我们家在上海，他们也就回到上海。当时国民党统治，津浦路中断，去北方只能坐开滦运煤的船。我大哥在船上遇到不少唐山交大的学生，一起去秦皇岛，北方铁路那时还是通的。大家都是学生嘛，就聊起来，知道他有两个弟弟，就鼓动去考唐山，唐山是全国的铁饭碗，待遇很好。我完全是受我大哥影响的。大哥学经济，二哥在清华最好的电机系，大哥就叫我们准备参加唐山工学院的单独考试，先考考，不行再做打算。我那时也不像现在认为的是因为美术好应该去学建筑，都是大哥安排的，我们也听大哥的。大哥比我们大不少，我们都挺佩服他。我父母不怎么管，都是大哥拿主意。他让我学建筑，弟弟何广汉去学土木结构。他甚至让在清华学了一年电机的二哥转系，去学建筑暖通给排水，拿现在的话说就是搞建筑设备的。这样一来，我们兄弟几个建筑、结构、设备和经济的都有了，大哥当时确实很有想法，就是想以后自己搞一个建筑工程公司。这样一来，我和弟弟就去考唐山，结果都考上了，这样就放弃了中央大学的保送。

我们1946年那个班上大约二十多个同学，但毕业只有八个，所谓"八大金刚"嘛。除少数几个转走外，大部分被K掉，淘汰太厉害了。每学期考试发榜，我们就怕坐"红板凳"（注：考试不及格，分数要用红色字公布），唐山的要求是很严的。到现在我都记得我的学号：C721，我大概是我们班上学号的第一个。

我本来应该是1950年毕业，就是因为学院迁上海，三年级的课耽误了。上海解放后，军委铁道部派顾稀把唐院师生接回唐山，我们又参加政治思想学习。这样新中国成立后又重新念了大三，到1951年毕业。统一分配，因为成绩好，我和弟弟都留校当了老师，一个建筑系、一个土木系。

由于建筑系在唐山不如在北京有发展，铁道部决定把建筑系转到京院。我留校后建筑系整个都到了北京，1952年院系调整又整个到了天津大学。我当时实际是留在唐山的。我们去北京走得要早一些，毕业时就到了北京，在府右街中南海旁边，京院老校址。那时暑假也没开学，抗美援朝开始了。我们等于是提前就毕业了，比其他系早，大约在5月份就毕业了。以系主任为首成立了一个工程公司，不是私人的，属于北方交通大学。承担京院红果园新址的建校，第一批设计就是老师带着我们高年级搞的，所得收益就用来捐给抗美援朝买飞机。

在北京时我是老师，助教和学生们要帮老教师进行思想"洗澡"，自己首先要"干净"呀，你自己还"脏"，怎么给别人"洗澡"呢？1952年的运动是针对老教师的。我检查自己的思想，大哥想当经理，兄弟几个搞一个公司，又搞设计、又搞施工，赚了钱之后买房子、买汽车，这不是资产阶级思想吗？检查之后思想进步了、干净了，才能去帮助老教师，有想不通的就去做他们的工作，提高认识，检查思想。

当时学习苏联，苏联派出专家帮助中国进行教育改革，那是个门类很齐全的庞大的团队。我听带我们研究生的那个苏联专家说，斯大林派他们来中国，中国方面征求他们的意见，是在清华还是在哪儿？当时解放不久，一个哈尔滨、一个北京，北京是首都，从建筑角度看哈尔滨有东方莫斯科之称。一般看来，北京条件更好，苏联专家们也未必看重哈尔滨，应该选在清华，又是老大。但哈尔滨工大可以用俄文教学，直接听课，所以最后整个苏联团队落在了哈尔滨，帮助中国教育改革。教育部组织考试，不是每个学校都有人，我所在的北方交大就我1人，还有东北工学院2个、清华1个，报上去了。我上课到10月底就去了哈尔滨。总共三年，预科一年突击俄文，然后研究生两年。1952年院系调整时我正在哈尔滨上学。从哈工大毕业后就回到了天津大学。我相当于是公派脱产带薪到哈尔滨读研究生的。

当时不止一个苏联专家带我们，除建筑外还有其他专业的。在预科时我们二三十人一个班，学语言，也不是专家教，是一些老的"白俄"来教。预科毕业后，我们这一届苏联专家带了我，还有清华1个、东北工学院2个，共4个。哈工大近水楼台，有几个青年教师也一块儿跟着学，不算研究生，名义不同吧。

这两年跟苏联专家的学习对我影响还是很大的，首先是思想，讲起来就太多了。你看，从苏联专家选点就看得出来，他们是社会主义国家，是从中国的需要出发，觉得哈尔滨直接讲学效果更好，这样对中国的贡献更大。周末、节日大家又喝又玩，感情非常好。另外，苏联专家也轮换回国，我们都去车站送行。走的时候，有的专家夫人流泪哭了，专家就训斥她，我不是顺利完成了斯大林同志交付的任务吗，是很光荣的，你应该感到高兴才对。我们就觉得思想上感触很深。另外，业务方面有很多新东西。以前我在唐山学的，基本都是搞民用建筑设计，而苏联援建大项目，生产要大发展，就首先需要搞生产建筑，像工厂、医院等，我后来主要搞医疗建筑。还有就是理论联系实际，后来毛主席也提倡理论联系实际。在哈尔滨，我们本来是在原苏俄时期就有的房子里学习，后来慢慢扩大，苏联专家带着我们完成了一个三层的教学楼设计，我们还在学习时就参与实践了。

石学海

1947年8月考入国立唐山工学院建筑工程系，注册学号C976，1952年毕业。曾任建设部设计院总建筑师，全国高等学校建筑学专业教育评估委员会副主任委员。

我是1947年从上海考取的，那时学校叫国立唐山工学院，新中国成立以后改名中国交通大学。我们考唐山工学院的时候，学校很小，只有土木系、建筑系、冶金系和采矿系，一共才四个系。人数很少，但名气很大啊。

当时都是学校单独出题考试，那年考唐院的有大约1500人，我们建筑系一年级考上30个人，到了第二年剩了十几个，刷了不少人。两门不及格就不行了，都开除，剩了十几个。这还是解放了，要是不解放的话，剩的更少！比我们高一班的，1946级周祖奭那个班，毕业才7个人。

那时候学校是厉害，罗教授、C.C.Lo，教我的时候快七十岁了，这些教授都用英文讲课，只讲一句中国话，就一句：茅以升是我的学生。这老先生讲得是好，他平常拿个粉笔盒就来了，什么都不带。在黑板上，随手就画一个圆，圆极了！哪一天粉笔盒没拿，就一张纸，临时考试。什么时候考我们不知道。大概就是教了两个礼拜左右，想考就来考了。这个叫小考，还有学期的。小考平均占60分，大考占40分。你平常就得很紧张，不知道什么时候考，都是这样子的。罗教授讲得好在什么地方呢？他讲完了，只要你好好听，都记住了。关键的地方他至少重复三次，你就要好好听。考试虽说不是很难，但你得兢兢业业。每天都不能松懈。教微积分的黄寿恒教授也很有名，我记得一年级我们四个班，也是临时考试，120来个人，只有十几个人及格。我才考了30多分，真的是给吓坏了！我是流亡学生，全是公费，上学时丁字尺、三角板都没有，到处向同学去借用，没有多的钱。画图只能用粗糙的纸，画图纸是买不起的，那很贵呀。

新中国成立前学校迁校去了上海，耽误了课程，所以新中国成立后回到唐山又重新念了一年，一共是五年。那一年在上海没怎么念书呀，还抓学生什么的。我们这一班什么都碰上了。然后又在学校里搞运动。那时搞运动，其实就是批判老师的资产阶级思想，为什么你不要学生了，跑到北京来，就批判这个。当时徐中先生还在，教规划的沈玉麟也在。学校曾经请清华大学的一个老师来做典型报告，他们那里搞运动搞得好，谈得痛哭流涕的。第二天，沈玉麟先生就开始检讨，检讨了半天，大家看还是通不过。

新中国成立以后，北京的任务特别多，建筑系的老师都跑到北京来，要搞建筑设计，我们也没人管了。后来那就干脆把建筑系搬到北京来。念了一年，到了1952年又搞运动，把老师整了一顿。完了以后，我们就在北京毕业了。北京这一摊呢，就是徐中先生领着一帮人到了天津大学。天津大学的建筑系慢慢就起来了。

在北京时，徐中先生带着我们学生，参加了京院苹果园新校园的设计建设。

戴志昂教授教过我们的建筑历史；宗国栋老师是教建筑设计的，他在北京也搞过设计；沈玉麟老师是教建筑规划的，但他没有直接教过我。

彭一刚

1950年7月考入北方交通大学唐山工学院建筑系，注册学号D549。1953年在天津大学提前毕业并留校任教，天津大学建筑学院名誉院长，中国科学院院士。

我1950年到唐山，差不多一年。当时考学校还是要考虑出路，唐山的出路就很铁的，也出过很多名人，像茅以升等人。当时社会上有公司搞营造，做些小房子，清华有营建系，我们搞得不太清楚，担心不保险。我在中学时物理数学好，按理我该去考机械或电机系什么的，这两个也是当时最红的系。唐山是建筑系，都登了招生广告。我从小学起就喜欢画画，画画也是我舍不得扔掉的。那时不像现在，资料那么多，考大学就只有一个招生简章，中学生也不是太懂大学里的情况。唐院建筑系招生简章说，建筑是艺术和科学的结合，我就报考了。

我是在南京参加的考试。整个考场坐得满满的。当时不少高校在大城市都设有考点，但合肥不是考点，上海是。那时考大学可能不像后来那么竞争激烈，我的高中同学真正去考大学的只是一小部分，不像现在大家都是拼命挤着考大学。竞争不算太激烈，报名考大学的录取率我认为还是比较高的。我们建筑系前面的几个班，人数都不多，就几个十几个人，到我们班一下子就扩大到三十人。

我记得我们上课主要在东讲堂，教室都比较旧了，里面不少都是用楠木柱子顶着的。要不然，不发生地震都可能出问题的，有很多柱子顶着楼板，那会儿就差不多半个世纪了。我曾去上海交大主持建筑方案的评审，看过一些旧的楼，跟我们唐山交大的楼差不多，都是同一时期建的，建得几乎一模一样，两层楼、坡屋顶，上面灰砖，墙上线脚是土红色的，我一看非常亲切。唐山交大的礼堂不大，几百人在里面开会挤得一塌糊涂，挤得进去了，也很难挤出来，但是很热闹，听说逢年过节总有演出的。唐山有明诚堂，成都后来也有，但不是一回事。

我们的开学典礼没在明诚堂，在露天外面。茅以升校长请毛主席为北方交通大学题写校名我们都知道，还在学校布告牌的玻璃橱子里看到过毛主席题写的校名字样。茅以升校长还放映过钱塘江大桥建桥的工程电影片，一边放一边讲。茅以升那时恐怕六十来岁，可看起来很显老似的。当时徐中先生不过四十多岁，我们叫徐老，而刘福泰先生六十来岁的人，就老得不得了了。刘福泰到了天津不久就生病去世了。

我在唐山住的是扬华斋！那是日本人在那儿盖的平房（注：指1937年7月18日日军占领唐山交大校园后修建的简易平房，当时是马棚。抗战胜利复员后改造成为学生宿舍），条件差透了。我是半夜到的唐山，火车上也没有广播，有一个人拿个话筒，叫道"唐—山，唐—山"，我们是半夜到的，怕错过，也不敢睡觉。到了唐山，停电，扬华斋里漆黑一片。当时心里嘀咕，没想到大学里条件这么差劲，还不如我们中学啦。第二天起来一看，还有几个楼比我们中学好，但我们住的扬华斋不行。

我同宿舍的有杨自哲、胡德君、廖景生，可能还不止，记不住了。廖景生特别有意思，爱说梦话。我们还没睡着，他就开始说梦话了：花生米，百吃不厌。好玩极了。现在我们这儿（注：指天津大学）的许松照也是，他的眼睛不太好，他比我走得还早，我是四月份（注：指1953年4月参加天津大学基建处建筑设计），他是二月份去教投影几何了。还有李培德，到了土木系，也去教投影几何。许松照是闹着一定要到建筑系，李培德好像无所谓，到哪儿都一样，反正都教制图吧。我这里还留下一张照片，我去拿来给你们看看。（彭一刚先生指着照片上的人，挨个指着辨认）这是徐中，那会儿照相没什么讲究，谁坐在当中、谁坐在边上，随便一站就照，不像现在。这张是我们大二时照的，这是邓林翰，分到了哈尔滨。这是何重义、这是刘宝箴，这是几个女同学，陶德坚不知你们知道不知道，先在清华，后来去了加拿大，去世了；王楙正，去了西安；这是周文贤，去了武汉吧。这是李友三；哎呀，这个怎么也像邓林翰？这个女同学，我认不出来了；这个像是许松照。这是沈玉麟、郑谦。看到这些唐院老同学的照片，感到很亲切。

刘宝箴同学的特点，头发白得早，少年白。他还有一绰号，叫兔子，你们都不知道。他是我们班的班长。他毕业后没留校，直接考了清华的研究生。刘宝箴的手工做得很好，木工很熟，又很细心。我记得做模型刘宝箴是做得最好的一个，做得最准确。当时要用木头做一个六厘米的立方体，我们就是做不好，能做到三个面准确，其他的不是长了就是短了。

我从南方来到北方的唐山，生活上开始还是不适应呀，吃不惯高粱米。我们还是喜欢吃米饭，但很长时间我们没见过米饭，一有鸡蛋炒饭，大家吃得香的不得了，南方的同学肚子吃得很胀，不能再吃了。

唐院的强项是土木和结构，建筑系历史不是最久，师资也不是最强。当时系主任是刘福泰先生，老中央大学建筑系的主任。徐中先生刚好从南方来北京，在外贸部做建筑师，设计工程，他在唐山先是兼职，还带来了童鹤林，郑谦好像是分配来的。徐先生一看，唐院的师资力量还得加强。我听说林炳贤、约根森在之前都走了，没有见过他们。徐先生就从原来中央大学请了一些老师。因为新中国成立后，南京不行了。它以前是首都，现在不是，江苏的省会好像都在镇江。人往高处走嘛，老师流失比较厉害。好在那时人事调动还比较容易。

当时是搞现代建筑，古典建筑有些吃不开。我是在唐山学的建筑初步，也不像过去那么严整，徐先生教我们五柱式（five orders）。

1951年暑期建筑系转到北京，运动不断，都没怎么好好学，一年又过去了。1952年院系调整到天津大学后，我正上三年级，说实在的，是认认真真地上了一年学。当时天津大学正在建校，要盖房子，我就被挑出来，提前在学校基建部门的设计处参加工作，搞设计。到了九月份回到班上参加分配，留校在天津大学。唐院的建筑系就这样中断了。

后来唐院迁到四川峨眉，在山沟办学，太封闭了，也不知道国家的指导思想是怎么回事。改革开放后，需要建筑人才，建筑系又变得热门起来。我的同班同学刘宝箴做了第一届建筑系主任，又聚集了一批老师，逐渐恢复起来，很不容易。有一次我回母校，全国建筑学专业指导委员会在西南交通大学开会，我一看在座的好多都是新面孔，讲了一段话："新旧交替相当于重新洗牌，现在无论老校新校都站在同一条起跑线上，老校不能故步自封，新校也不要妄自菲薄，只要解放思想并作出努力，都可能引领建筑教育迈向一个新的台阶。"（注：2015年天津大学120周年校庆出了一套丛书《校友作品集》，彭院士在为该丛书写的前言中专门提及他在西南交通大学的这次谈话。）

天津大学与西南交通大学关系很好，可对交大来说是一个损失，但后来发生唐山大地震，建筑系因留在天大、唐院搬迁峨眉又避开了大难。有些事情真是不好说，很复杂，看从哪个角度看。后来我想，唐山对我们来说印象都很深，东讲堂、西讲堂、图书馆、东楼、西楼等等，我一直在想，房子没有了，能不能找些照片。我们那会儿没有照相机，好不容易照个相都是从别人那里弄来一个135的照的，很小。我在唐山连一张照片都没留下来。

这本书（注：指《匠心独运》初稿），说实在的非常详细，比我知道的详细得多，包括我的学号都查出来了，我的老师都在里头了，一个也没有漏，还有的老师我去唐山时都已经走掉了的也在里头。有一年我曾回学校去问我在唐山的学号，只记得是D开头的，但不知道是多少，结果去查也没有给查到，但这本书里都有！我是D549，我还告诉了在天大健在的唐山同班同学，抄了他们的学号。沈天行、屈浩然，都打电话告诉了。

沈天行

1950年7月考入北方交通大学唐山工学院建筑工程系，注册学号D669。1953年在天津大学提前毕业并留校任教，天津大学建筑学院教授。

我生在上海，抗战时我父亲的单位盐务总局迁到了四川重庆，我就跟着家人一起过去，抗战八年都在四川。刚开始我在乐山，待了一年多，也没去上学，上午都是妈妈拿着书本教我认字算数，我妈妈是金陵女大毕业的；下午常常去江边玩沙子、看大佛。到重庆后我们住在南岸马鞍山，有一年吧，然后又搬到龙门浩，我就在那里上的小学，一去就考上五年级。重庆是山城，爬坡上坎，我去学校和到父亲单位，都是一会儿爬上坡，一会儿又冲下去。我现在身体还好也许跟这个也有点关系。抗战胜利后我们一家到了南京，我上明德女中，是初二下学期。1949年前又回到了上海。

那时唐院在全国都是属于不错的。我是在上海参加的考试，屈浩然就是跟我一起考到唐山的，但我们高中并不认识，高中我是在上海女中。我看在公布的录取榜上，他的名字跟我是挨在一起的，所以我就认识了屈浩然。上海录取的人也不多，整个班上就三十来人。

去唐山报到前，我们先在上海交大集合，然后结伴坐火车去唐山。那时火车

建筑系全体女同学在宿舍前合影，（左起）周文贤、王鉴芬、沈天行、王樧正、陶德坚、潘诞鞠。摄于1950年

到南京，还得用轮渡过长江，火车是一节一节运过去。上海当然比唐山要繁华，可我们在上海也不老去逛马路，都在学校里住校。唐山校园前面那条马路是土路，一刮风就沙土飞扬，唐山那么多工程师怎么就没有好好把这条路修一修呢？当时全校女生三十来人，以前只有十多人，这样女生就单独住在一个小院里，住的是平房。我们班五个女生与二年级、三年级的两个女生都住在一间宿舍，也是双人床。唐山以前的女生太少，我们这一班去了以后，大家都说建筑系的女生好多呀！我们下一届的女生就比较多了。

我在唐山上课的教室离操场不远，好像是在东讲堂。每人一张绘图桌、画板，用毛巾打湿在边上弄上浆糊，再扯平裱画。教室里也有采暖。

唐山上课本来说学制四年，转来天大后，整个年级都要提前工作，三年就毕业了。一部分留在天津大学的同学，作为师资又送到清华大学深造，这样我就去清华进修研究生，读了三年，以后就回到天大，一直做教师。

唐院的一年都是基础课，比较有印象的是李汶老师的制图；刘福泰也教过我们，他给我们改图，画了一张床是圆的，说你们从每个方向都可以去睡觉，挺有趣的；沈玉麟老师也教过我们。他们当时是用中文上课了，听何广麟他们讲，老唐山交大那会儿都是用英文授课。

1951年去北京，不少老师都有兼职搞设计，北京的工程也比较多，所以建筑系就单独转到了京院。1952年又赶上全国高校院系调整，就合并到了天津大学，1953年在天津大学毕的业。这也是挺有意思的一段经历。

我们读书时政治运动比较多，一年级是抗美援朝，二年级时"三反五反"，到了三年级一面要补二年级的课，一面还有三年级的新课，因为还要提前毕业，四年级的一些课也还得上。所以整个三年级，几乎白天晚上都在上课。晚上宿舍要熄灯，我有时也拿手电筒在被窝里看书。

我上中学时，数学不错，也比较喜欢画画，老师们就建议我去念建筑系。到唐山后是樊明体老师教我的美术，我虽然后来主要搞建筑技术，但总喜欢画画，到了老年大学也有开始画画（注：沈学长家里有不少她自己的画作）。

从天大毕业，彭一刚是提前毕业留校的，我1953年毕业去了清华继续念研究生。

屈浩然

1950年7月考入北方交通大学唐山工学院建筑工程系，注册学号D556。1953年在天津大学提前毕业并留校任教，天津大学建筑学院教授。

当时学建筑好多都不是自己真想学。我学建筑，是因为我父亲那辈的一个同事，原来是中央银行的，喜欢设计建筑。他就给我父亲建议，我受他影响，因此学了建筑。他可能是觉得我有些天资吧。我在上海念中学的时候，对物体四个立面都能按比例尺画出来。另外，我怕化学，我考大学唯一就怕考化学。而考建筑可以免试化学，加考美术。我在高中就是学校里画得最好的一个。我认为美术考个80分没什么问题，化学要我考80分，考死我也考不到。英语问题也不大。

我可以考两次，一个华东区、一个北方区。在华东区考的时候，数学考得特别难，客观地说，我数学做得少。考完我去问我的中学老师，中学老师说，你问我这个，我要是会的话，就不在这里教书了。其实他是东吴大学的，数学助教。他说，这种题目没见过，这个太难了！在上海考完，不行，人都傻了。有把握的大概两道。别人说，一道都没把握，真是"洗桑拿"。幸运的是，我总分数够了，《人民日报》上公布的录取名单有我。

我在唐山只有一年，一年级是很紧张的。唐山的课很严，当时天气冷，我们几个从上海来的特别怕冷，搞测量在野外，很冷的，要举杆什么的。没有办法呀，又穷，手套都没有买。有一次测量课没有好好听，结果老师发火了，如果老师对你印象不好了，这门课都很难过去。把我们吓坏了。我物理满分，教物理的老师名字我忘了，穿着铁路棉制服，戴一顶棉帽子，口袋里装一摞纸，来讲课，印象最深的是他讲碰撞。

当时，建筑系教授们要往北京跑，我是设计课的课代表，与教授关系好。教授从北京回来，我把同学们在教室里稳住，要先收拾一下再让教授进教室。有一次把草图都搞丢了，真没办法。

那时，北京的设计任务特别多，而北京的设计单位很少。建筑系老师好多都去了北京，宗国栋老师自己在北京就有一个设计事务所。我1980年代去上海，每次去，宗国栋都请我吃饭。我跟他是老乡，常州人，无话不谈。李汶教授，可不得了。他好像是唯一没有留学的，他读书时每门功课都要求自己85分以上，但好像有一门不够，就重新念了一年。他的画法几何课挺难的！考试时一个纸盒子打开，要搞清楚投影和空间关系。李汶教授识人，善于发现学生的优点。

我现在老了，糊涂了，当前的事情记不住，从前的事情还可以讲一些。唐山这段念书的事我记得很清楚。

部分课程教材与参考书

从1932年到1937年，土木系建筑门的课程与教材基本稳定。抗战以后，因应战时需要，开设大量建筑课程，教材略有变更。1946年建筑系独立设置后课程体系与教材参考书进行了较大的调整，以适应时代变化的需要。

1937 年前土木系建筑门的课程与教材

土412　工程法规　2学分

本学程讲授契约原理、契约法之要素、物产法概论、代理行为及违背民法之行为，无限及有限股份公司之组织与管理，及一切法律上之问题。

授课时间：每周两小时，第二学期。

教本：讲义。

土木四年级必修。

119-20　木工实习　1学分

本学程理论与实习并重。讲授各种木工工具与机件之使用及保护方法。制造凝构分合、散片架构、括板等模型及型心壳配置。俾得适合各种翻砂用途，并注意应用金属模型与机器翻砂时所需之更改。

授课时数：每周两小时，全年。

教本：讲义。

一年级必修。

121-22　金工实习　1学分

本学程讲解工作机械，如车床、刨床、锉床、钳床、磨床等构造及其运用方法以及钳床工具之用法。令学生制造简单之机件以练习之。

授课时数：每周两小时，全年。

教本：讲义。

一年级必修。

115-219　机械图绘与地形制图　1学分

本学程注重：（1）绘图仪器之选择及使用；（2）英文大小楷之练习；（3）正投影之原理及画法；（4）断面之画法及应用；（5）尺寸表示法；（6）晒图方法；（7）各种建筑构造及地形之制图。

授课时数：每周三小时，一、二年级第一学期。

教本：French–Engineering Drawing。

一、二年级必修。

122　图形几何　2学分

本学程目的在于让学生发展想象能力，得依投影之原理，了解绘图上各种基本书法。在讲授方面则注重（1）点线及平面之关系；（2）面之分类及切面；（3）面之相交及展开图；（4）立体式投影如透视投影等。

授课时数：每周四小时，第一学期。

教本：Blessing &Darling–Elements of Descriptive Geometry。

一年级必修。

220　工程图画　1学分

本学程注重工程建筑之标准记号，中西文字之绘制，颜色地形图，普通房屋图，标准、架梁及各种简单结构之详细图样。

授课时数：每周三小时，第二学期。

教本：Blessing & Darling–Elements of Drawing。

二年级必修。

201　力学　5学分

本学程讲述力学之基本原理及其应用于刚体方面。

授课时数：每周六小时，第一学期。

教本：Seely and Ensign–Analytical Mechanics for Engineers。

二年级必修。

202　材料力学　5学分

本学程研究工程材料之强弱及其外表与内部因受外界压力、引力、旋力或扭力之影响。

授课时数：每周五小时，第二学期。

教本：Seely–Resistance of Materials。

二年级必修。

土215–216　建筑材料　4学分

本学程讲授各种材料之种类、构造性质、用途与试验。

授课时数：每周二小时，全年。

教本：Blessing & Darling-Elements of Descriptive Geometry。

一年级必修。

土313-314　材料试验　1.5学分

本学程包含各种试验，研究普通工程材料之性质与试验方法，机械使用法，水泥泥沙，五金及铜料等之拉力压力试验。研究木材、石料、绳索、三和土等之各种内应力。

授课时数：每周二小时，第一学期；每周一小时，第二学期。

教本：讲义。

参考：A.S.T.M.Proceedings。

土木三年级必修。

土410　河道及海港工程　3学分

本学程讲授河道之性质，水理与观测，洪水之性质及预报，洪水防御，整理河道方法，蓄水池，防水堤，河口修治法，海理，波浪及潮汐，海港设计及建筑。

授课时数：每周三小时，第二学期。

教本：Cunningham-Harbor Engineering；

　　　　Thomas & Watt-Improvement of Rivers。

土木四年级必修。

土124及土207　测量　4学分

本学程讲授钢皮尺、罗盘仪、经纬仪、水准仪之使用法，导线测量法，测定物体位置法，水准仪高低及剖面测量法，绘图法，经纬仪水准仪之校正法，视距测量法，平板仪测量法，三角网测量大纲及其基线角度测量法，面积及土方计算法，水文测量及流速仪六分仪测量法，流量测量法等。

授课时数：每周二小时，一年级第二学期，二年级第一学期。

教本：Breed & Hosmer-Surveying VOL. I&II。

土木一、二年级必修。

土209   测量实习   2学分

本学程注重实习实地测量法，平板仪测量法，三角网测量，基线测量法，天文测量观测法，水文测量法，全校正平面测量及绘图法，室内计算及绘图。

授课时数：每周四小时，第一学期。

土木二年级必修。

土208   测地学   2学分

本学程讲授大三角网之定义，基线及角度测量法，三角网之校正及计算法，大地之图形，大地位置之计算法，精确水准测量法，及大地绘图法。

授课时数：每周二小时，第二学期。

教本：Hosmer-Geodesy。

土木二年级必修。

土206   大地测量及制图   3学分

本学程注重计算及校正测量实习所得基线三角网，经纬度及地形测量记录。并令各学生将测量结果绘制地形图。

授课时数：每周六小时，第二学期。

土木二年级必修。

土319   天文学   2学分

本学程讲授天球上各物体之坐标及其定义，地形上地平制、赤道制、黄道制坐标之系统，时之计算法，视差之改正法，经纬度时与直方面之观测法及计算法。

授课时数：每周二小时，第一学期。

教本：Hosmer-Practical Astronomy。

土木三年级必修。

301-302   机械工程   4学分

本学程说明热力工程方面之各种机械及附件之构造及使用方法，如蒸汽锅炉、唧水筒、蒸汽机之气瓣机关、气轮、凝结器、预热器、煤气机及柴油机等。

授课时数：每周二小时，全年。

教本：Allen and Bursley–Heat Engines。

三年级必修。

土466　暖气及通风设备　2学分

本学程讲述热及房屋热之损失，各种加热之方法，散热器之种类及构造，燃料及锅炉蒸汽之性质，蒸汽加热法及热水加热法管线之设计及装置，温度之控制，空气及其性质，暖气炉加热法，通风之原理及方法，风扇通风器之设计，空气之洗净及其温度之调节，人工冷却法，及工业上之空气调节等。

授课时数：每周二小时，第二学期。

教本：Allen & Walker–Heating & Ventilation。

土木四年级（建筑门）必修。

305-6　电机工程　4学分

本学程讲授电磁原理、电子论、直流及交流线路之组织理论，直流及交流机器之构造及运用，蓄电池、电光学及电信简介。

授课时数：每周三小时，第一学期；每周一小时，第二学期。

教本：Gray–Electrical Engineering。

三年级必修。

土464　电光及敷线学　2学分

本学程讲授电光之特色及现代电灯之形式，尤注重量电学电光原理，及敷线计划之经济与美观。

授课时数：每周二小时，第二学期。

教本：Kunerth–Textbook of Illumniation。

土木四年级（建筑门）必修。

土317-18　铁道测量　3学分

本学程注重单弧线、双弧线、反弧线及坡桩之实地测量及土方计算与土方图表之制作。

授课时数：每周三小时，全年。

土木三年级必修。

土405　铁道计算及绘图　1.5学分

本学程将土334实习结果，加以整理及计算。铁道测量需绘成平面图、剖面图、土方累积图，并估计全线建筑经费。

授课时数：每周三小时，第一学期。

教本：讲义。

土木四年级必修。

土403-4　铁道计划建筑及养护　5学分

本学程包括累积图，土方成本，挖泥石工具及机器，开山洞，次要建筑物，敷轨道，以及关于铁道建筑其他各种问题之讲授及研讨。此亦包含铁路轨道，路轨材料，铺设路轨工作，铺设路轨应用工具，路轨设计，路轨力学，铁道养路股之组织及工作，其他铁道建筑物，铁道之改良及加添设备急救工作，养路之人事管理。

授课时数：每周三小时，第一学期；每周二小时，第二学期。

教本：Willard–Maintenance of Way and Structures；

　　　Raymond–Railroad Engineering。

参考书：Lavts–Railroad Location Surveys and Estimates；

　　　　Williams–Design of Railroad Location；

　　　　Webb–Railroad Construction；

　　　　Willington–Economic Design of Railway Location。

土木四年级必修。

土323-24　构造计划　3学分

本学程讲授构杆大小与连接之详细计划，钢木构架房屋之屋顶、楼板、梁桁、柱与格床基础等之设计；线路钢板桥之设计；各种计划内均需备有计算原样及重量估计。

授课时数：每周三小时，全年。

教本：Jacoby & Davis-Structural Details。

参考书：Urquhart & O'Rourke-Design of Steel Structures。

土木三年级必修。

土321-22　构造理论及桥梁工程　　6学分

本学程概论构造工程之一切基本原理，及桥梁工程之普通原理，如桥梁地点与桥身位置之决定，式样之选择，桥梁计划之经济与美观，建筑方法、养护及修理等。

授课时数：每周四小时，第一学期；每周二小时，第二学期。

教本：Urquhart & O'Rourke-Design of Steel Structures。

参考书：Johnson，Bryan & Turneaure-Modern Framed Structures.Part Ⅰ；

　　　　　A.I.S.C.Handbook of Steel Construction。

土木三年级必修。

310　钢骨混凝土学　　3学分

本学程除对于钢骨混凝土之弯力、剪力、斜引力等做一详细之研究外，并注意楼板梁柱等在设计上之应用。

授课时数：每周三小时，第二学期。

教本：Urquhart & O'Rourke-Design of Concrete Structures。

三年级必修。

土407-8　桥梁设计　　3学分

本学程一方面研究桥梁建筑上之设计原理条例及其应用，一方面计划一钢架铁道桥，掌握各种计算、各杆连接详细图样及重量估计。

授课时数：每周三小时，全年。

教本：Urquhart & O'Rourke-Design of Steel Structures。

参考书：A.I.S.C.Handbook of Steel Construction。

土木四年级必修。

土409　钢骨混凝土房屋设计　1.5学分

本学程讲授全部房屋设计，包括桁架梁楼板式及平板式两种。房屋各部如楼板、梁、柱、扶梯及各式基础分别计划后，须制全部详图及说明，并估计其钢骨混凝土之数量。

授课时数：每周三小时，第一学期。

教本：Urquhart & O'Rourke–Design of Concrete Structures。

土木四年级必修。

土430　钢骨混凝土拱桥计划　1.5学分

本学程目的在使学生获得钢骨混凝土拱桥计划之具备知识，如计算桥之变位详细绘图等。

授课时数：每周三小时，第二学期。

教本：Urbuhart & O'Rourke–Design of concrete Structures。

土木四年级必修。

土428　钢铁房屋设计　1.5学分

本学程讲授两种钢铁房屋计划，及一间十层钢铁大楼之完全计划，尤注意于曲度风压应力，各种楼板梁柱、各式基础分别计划。此外对于冶金厂之设计亦加以研究。

授课时数：每周三小时，第二学期。

教本：Harold Dana Hanf–Design of Steel Building。

土木四年级（构造、建筑门）必修。

土401　石工及基础　3学分

石工学为砖石之研究。尤对于建筑方法护墙、土坝、三合土坝、三合土沟管，对涵洞及高架水塔等之设计特别注重。拱桥之大概亦略加研究。

基础学研究桥梁房屋基础之计划，尤对于桩基、围堰墩基与各种箱式墩基之建筑法研究较详。

授课时数：每周三小时，第一学期。

教本：William-Design of Masonry Structures and Foundations。

四年级必修。

土325-26　房屋建筑　4学分

本学程包括房屋建筑法及说明书之研究；各式三合土房屋、钢架房屋以及厂房之比较，各种建筑材料之性质及用途与选择，房屋之防火，防火设备及隔离，房屋上机械方面之设备及房屋估值法等。

授课时间：每周二小时，全年。

教本：Allen-Practical Building Construction。

土木三年级必修。

土463　建筑史　3学分

本学程讲授古今中外建筑沿革。并注重历代建筑物之各种形式、特点与构造。

授课时数：每周三小时，第一学期。

教本：讲义。

土木四年级（建筑门）必修。

土467　建筑计划（一）　5学分

本学程讲授各种铁道建筑之计划，包括平面高度及侧面筑造与装饰之详细绘图。

授课时数：每周讲授一小时，绘图八小时，第一学期。

教本：讲义。

土木四年级（建筑门）必修。

土468　建筑计划（二）　5学分

本学程续土467，尤注重中国式之各种大小建筑之计划。

授课时数：每周讲授一小时，绘图八小时，第二学期。

教本：讲义。

土木四年级（建筑门）必修。

土462　高等房屋建筑　4学分

本学程讲授各种建筑物之设计原理，建筑上之合成，铅管之装设与排水，尤注重建筑之各种方法及中国式建筑之计划。

授课时数：每周四小时，第二学期。

教本：G.T.Haneman–A Manual of Arch. Composition；

　　　Hool & Johnson–Handbook of Bldg. Construction。

土木四年级（建筑门）必修。

土470　建筑工程研究论文　3学分

本学程由教授指定重要杂志及其他出版物，由学生研究评论。上课时由学生报告研究结果。继以讨论，或由学生择定一研究题目，经教授核准，著述论文。

授课时数：每周六小时，第二学期。

参考书：由教授各别指定。

土木四年级（建筑门）必修。

土413　城市设计　3或1学分

本学程教材包括城市设计理论与实用之原则，街道与路线网之联络，交通控制之重要，铁道、海港、河埠、公园、飞机场、体育场及公共建筑物之位置与城市计划之关系，分区计划、新村住宅及一切公用事业对于城市计划之影响，城市设计之美观、经济与法则、理财等问题。

授课时数：每周三小时，第一学期（建筑及市政卫生）；每周一小时，第一学期（铁道，构造及水利）。

教本：Erwin–Town Planning in Practice。

参考书：S.D.Adshead–Town Planning & Town Development；

　　　　Rey Pidoux et Barde–La Science des Plaus de Villes；

　　　　Ed Joyant–Traited' Urbanisme。

土木四年级（铁道、造构、水利、市政卫生、建筑门）必修。

土411　自来水工程学及净水学　4学分

本学程注重水量消耗之研究，雨水及流洿量，水源——地面及地下水，井之水力学及建筑方法，收集地面水之方法，水管分布系统之设计，蓄水池及高架水缸，溂浦及抽水机器水管材料及其设计与建筑方法。

本学程亦讲授清水与都市卫生，水之物理、化学及细菌的观察，天然水之性质，水之清净方法，沉淀法，慢滤池、快滤池之原理，设计建筑及运用，水之氯化、软化等。

授课时数：每周四小时，第一学期。

教本：Turneur & Russel–Handbook of Public Water Supplies。

参考书：Gilbert et Mondon–Adduction et Distribution d'Eau；

　　　　Babbit and Dollan–Water Supply Engineering。

土木四年级必修。

土406　沟渠及污水处理　4学分

本学程包含污水量及暴雨水量，沟渠，水利学，沟渠系统设计，管图设计，开掘填覆，列板撑档，施工及养护，污水之特性及变态，污水处置方法——稀释及灌溉，沉淀缸、篦格室、腐化缸、隐化缸，分离污渣消腐缸、接触池、灑滴池、砂滤池之设计与建筑。

授课时数：每周四小时，第二学期。

教本：Metcalf & Eddy–Sewerage and Sewage Dis Posal。

参考书：Moore & Silcock–Sanitary Engineering；

　　　　A.Daverton–Assainissement des Villes et Egouts de Paris。

土木四年级必修。

土320　道路工程　3学分

本学程包含发展道路系统，测量及计划路身与路面，排水及防制水流之冲蚀，设计乡道及市街，建筑及养护，土路、沙土路、砾石路、水结马可踏路、水泥混凝土路、砖路、木块路、石块路的养护。沥青铺路材料，沥青毡，灌浆及合成之路砾，土沥青片，土沥青混凝土路面，以及各种路面在经济上之比较。选择路面之种类，养护及冰雪之铲除。筑路材料试验。道路各词学等等。

授课时数：每周三小时，第二学期。

教本：W.G.Harger–Location Grading & Drainage of Highways；

W.G.Harger–Rural Highway Pavements。

土木三年级必修。

参考资料

西文专著：

Tlmb Saver Standards，1946年初版。

著者：F.W.Dodge Corp,NewYork；出版书局：F.W.Dodge Corp,N.Y.N.Y.

Don Graf's Data Sheets，1945年3版。

著者：Don Graf；出版书局：Relnhold Publishing Corp.

Handbook of Building Construction，1920年2版。

著者：Hool & Johnson；出版书局：龙门影印。

Design Data Book For Civil Eny'rs，1947年3版。

著者：Eiwyn Seeiye；出版书局：John Wiley & Sons，Inc N.Y. Chapman of Hall,Ltd,London.

Architectural Design，1933年初版，今有新版不详。

著者：Ernest Pickering；出版书局：John.Wiley.& Sons，Inc N.Y. Chapman of Hall,Ltd,London.

If You Want to Build A House，1946年初版。

著者：Elizabet；出版书局：The Museum of Modern Art N.Y.

Shelter For Living，1946年4版。

著者：Ernest Pickerwg；出版书局：John Wiley & Sons，Inc N.Y. Chapman of Hall,Ltd,London.

Homes（selected by editors of Progressive Architecture），1947年1版。

著者：Peinhold Publishing Corp.N.Y.；出版书局：Peinhold Publishing Corp.

The Mordern House

著者：F.R.S Yorke；出版书局：The Architectural Press,9Queen Anne'sgate S.W.Britain.

Design of Modern Interiors，1947年6版。

著者：Furd & Ford；出版书局：Cornwall Press Inc.Cornwall N.Y.

Flats Design & Equipment，1936年。

著者：H.Ingham Ashworth；出版书局：Sir Isaac Pitman & Sons,Ltd,London.

Flats，1947年1版。

著者：H.Kamenka；出版书局：Crosby Lockwood & Sons,Ltd,London.

American Airport Designs，1930年。

著者：Compgtition,Promoted By The Lehigh Portland Cement Co.；出版书局：Taylor,Roeers & Bwss,Inc.N.Y.

Architectural Construction，1948年2版。

著者：Theodore Crane；出版书局：John Wiley & Sons Inc.N.Y.

Building Construction

著者：Huntington；出版书局：龙门影印。

Hospital Planning

著者：Charles Butler Addison Erdman；出版书局：龙门影印。

Progressive Architecture Library Series（Schools Apartments,Theaters,ete）

著者：Reinhold Pub,Corp；出版书局：Reinhold Publishing Corp,N.Y.

期刊：

Architectural Forum；

Architectural Record；

Progressive Architecture；

Journal of Royal institute of British Arch'ts.Architectural Review；

Art & Architecture Interiors；

House Beautiful Journal of Journal of Town Planning institute Is Ashley Ashsey Place London

中文专著：

《中国建筑》，王璧文著，国立华北编译馆

《中国建筑史》，伊东忠太著，商务印书馆

《中国建筑参考图集（十册）》，中国营造学社

《清式营造则例》，梁思成著，中国营造学社

Tangshan Engineering College Ranking Top Ten among Departments of Architecture in China

In February 1945, National Jiaotong University (Guizhou) moved from Pingyue to Bishan county of Sichuan (now in Chongqing Municipality), continuing its operation at the site once used for technology personnel training by Ministry of Transportation.

After the victory of the Anti-Japanese War, the Ministry of Education required a rehabilitation by stages and in groups for higher education institutions from 1946.

The Department of Architectural Engineering set in National Tangshan Engineering College after the War (1946-1949)

National Jiaotong University (Guizhou) was ordered to a closure on Apr. 4, 1946, Tangshan Engineering College was renamed as National Tangshan Engineering College, and Beiping Railway Management College was renamed as National Beiping Railway Management College. Tangshan College, Beiping College and National Jiaotong University (Shanghai) moved to Chongqing during the war were ordered to move back to their respective original locations and to administrate their own business independently.

With the support of Ministry of Education, National Tangshan Engineering College divided Department of Mining and Metallurgical Engineering into Department of Mining Engineering and Department of Metallurgical Engineering, and set up Department of Architectural Engineering which was only a discipline in the framework of civil engineering. The 25 years from the planning of construction discipline in 1921 to the independent enrollment in 1946 witnessed the persistent and painstaking pursuit of Ye Gongchuo, Sun Hongzhe, Li Shutian, Lin Bingxian and others.

China was determined at the post-war recovery and reconstruction, seeking for architecture talents with eagerness. It was said that ten universities and institutes of engineering set up the Department of Architectural Engineering to cultivate architecture talents. Education on architecture met the golden chance for development after the victory of Anti-Japanese War.

New Curriculum for Architecture

Professor Lin Bingxian, the first dean of Department of Architectural Engineering and a professional teacher in Architecture discipline, took charge of the revision of curriculum for the four-year undergraduate program. Compared with the previous one, the new curriculum was a more complete and scientific version with substantial adjustments. The new curriculum was put into effect in 1946. Meanwhile, in order to maintain the continuity of the college education, Department of Civil Engineering still provided courses for the five disciplines for seniors: railroad, constructure, hydraulic engineering and municipal construction before 1950. The first batch of graduates graduated from Department of Architectural Engineering in 1951.

At that time, specialized teachers were scarce. Dean Lin had to teach quite a few courses, including Architectural Painting History of Foreign Architecture, Architectural Composition Principle, Construction and Architectural Design for Sophomores. Later, History of Foreign Architecture was taken by Jorgense — a part-time teacher from Danes who was the chief engineer of Kailuan Mining Bureau, Architectural Design by Song Shenreng, and Watercolor Painting by professor Li Xuying.

Soon after the beginning of the autumn semester in 1948, the political tension in Tangshan forced most of the teachers and students to Shanghai and Jiangxi province for a more appropriate site. At that time, Dean Lin went to Hong Kong after resignation, Jorgensen returned to the UK, and Professor Li Xuying moved to Peking. The same as the college, Department of Architectural Engineering was also turned in turmoil. Fortunately, Mr. Liu Futai, the former dean of Department of Architecture of National Central University and Beiyang Institute of Technology, took over as the new dean and moved to Shanghai with the college.

At that difficult time, Dean Liu was once the only faculty and staff in Department of Architectural Engineering. Then the architect Zong Guodong with an American education background was invited to teach Architecture Design, and Wang Tingqi studied in the School of Arts of Yale University was invited to teach Sketching and Watercolor Painting.

Architecture Education of Tangshan Engineering College of China/ North China Jiaotong University (1949-1952)

After Tangshan was liberated on December 12th, 1948, North China Jiaotong University was moved from Shijiazhuang to Tangshan, and it took the former location of National Tangshan Engineering College as its new campus. In May 1949, Shanghai was liberated. Then National Tangshan Engineering College was put at the crossing.

Change in School System and Education System

On July 8th, 1949, Ministry of Railways of Chinese People's Military Commission ordered National Tangshan Engineering College, National Beiping Railway Management College and North China Jiaotong University to amalgamate into a new one: China Jiaotong University consisting of a new National Tangshan Engineering College and and a new Beiping Management College. Tang Zhenxu, director of Affairs Committee of Tangshan Engineering College, put forward an ambitious plan for Chinese Jiaotong Universities.

After the founding of China in 1949, Ministry of Railway was subordinated to State Administration Council rather than Military Commission. In other words, Jiaotong Universities were no longer an military institution. The central government appointed Mao Yisheng President of China Jiaotong University, and Jin Shixuan Vice-President.

In June 1949, the students and teachers of Tangshan College returned from Shanghai to Tangshan. Ministry of Railway sponsored all students of architecture to visit Harbin, Changchun, Shenyang and Dalian. They happened to be on Stalin Square of Dalian on October 1st, where they excitedly listened to the live broadcast of the founding ceremony of the People's Republic of China.

After the summer visit, Tangshan College resumed the operation, and decided on a postponed graduation for the sophomores, juniors and seniors. At that time, Department of Architecture had students of three grades. Dean Liu did everything in his power to invite new teachers. Professor Dai Zhi'ang, one of the 4th batch of graduates from Architecture Department of the former Central University taught Architecture Design to juniors. Associate professor Lu Shengzuo, a lecturer of Architecture Department under College of Engineering of Peking University who graduated from Architecture Department of Central University and studied Chinese historical architectures with Liang Sicheng at the Architecture Society of China, was also invited to teach History of Chinese Architecture and Chinese Construction Methods. Bao Boyu was invited from Shanghai to teach the Study of Construction, Zong Guodong taught freshmen Elementary Architecture and sophomores Architecture Design. Wang Tingqi taught Sketch, Watercolor and History of Foreign Architecture. Chen Jiaxi, Shen Yusong and Shen Zuoyao worked as the teaching assistants or secretaries for the professors.

Changes took place in courses, too. On the one hand, Art Pattern, Interior Decoration and so on were canceled (some content was merged into Architecture Design). Perspective, Shadow and Graphics Geometric were combined into Architectural Images. On the other hand, new courses were available including

Construction Labor, Modeling Manufacturing, Modeling. Senior students could take courses in either of the two directions: Architecture Design and Architecture Construction.

As to the course textbooks, all nouns were put in Chinese, and the British imperial system was put into metric system. Because of the lack of reference books, teachers wrote their teaching materials and had them printed to help the students overcome the difficulties in study. In addition, teachers were going to enrich the content of textbooks with materials about Chinese local conditions to help the students connect the book knowledge to the local reality.

To effectively improve the students' ability, courses on designing should be taught in a different way. The time-consuming designing used to lead to a hasty closure, so teachers should supervise the students to observe and create before detailed commenting on every design.

The dean meetings held by Chinese Jiaotong University in 1950 defined the nature of Jiaotong universities in China as well as positions of the specialties. As Tangshang Engineering College was concerned, there would be 74-year undergraduate departments: civil engineering, architectural engineering, mining engineering, metallurgical engineering, electrical motor engineering, mechanical engineering and chemical engineering. There also would be 72-year programs.

Within each department, there must be groups with different focus. For example, Department of Civil Engineering had four groups: railroad, bridge, hydraulic engineering and municipal construction. While Department of Architectural Engineering first consisted designing group and construction group, and reformed into 4 groups: architectural designing, construction, architecture theory, labour and arts.

The college authorities persistently linked book knowledge and theories with practice. Many teachers collected local information for teaching. For instance, Department of Architecture required the students to renovate Tangshan Railway Station while Department of Civil Engineering used Tangshan as the study object in Municipal Designing. Taking advantage of winter vacations, spring vacations, summer vacations and other holidays, the teachers accompanied the students to visit different cities and factories and mines. The teachers paid attention to the practice in the teaching. Field learning centered on manufacturing became the common belief held firmly by both the teachers and the students.

During the summer vacation in 1950, a group of newly-recruited professors arrived at Tangshan Engineering College of China Jiaotong University, which soon was renamed North Jiaotong University in September. Xu Zhong, a famous professor of National Central University, was invited by Director Liu Futai to teach Architectural Design to senior at Department of Architecture. Mr. Xu was the consulting engineer of Infrastructure Section under Beijing Trade Department as well as the consulting engineer of Huatai Architects, who had designed the Trade Department Building in Dongdan, Beijing.

The university also recruited Lecturer Shen Yulin, who had just received a MS of Architecture and another of Urban Planning from the University of Illinois. Zhuang Taosheng, alumni Zhuang Jun's son, received his MS of Architecture in America and returned to his alma mater to teach Fundamentals of City Planning and Architectural Design upon his father's wish. Lecturer Zhang Jianguan taught Sculpting, associate professor Fan Mingti taught Watercolor and Lecturer Sun Enhua taught Landscape Gardening.

During this period, the faculty of Department of Architecture became more competitive, with most of them having solid university education, many graduating from Central University and some studied fine arts in colleges. The teaching was oriented to both engineering and art, instead of engineering alone.

Generally speaking, technology-focused courses took up the biggest proportion in number of courses as well as credits in Department of Architecture. Architecture students and civil engineering students could have many of technology courses together. The Department of Architecture wanted its students to be equipped with some qualities civil engineering students have. There is always a connection between the two departments.

Department of Architecture in North Jiaotong University

Prior to 1952 when a national adjustment began, North Jiaotong University had already made some minor adjustments for its faculty and staff.

May 1951, Ministry of Railways recruited some teachers and 8 senior students of Department of Architecture of Tangshan College to Beijing, designing the school houses on the new Hongguoyuan campus (of Beijing Branch of North Jiaotong University) located outside Xizhimen, Beijing. Professor Xu Zhong took charge of the project. With the supervisor's help, each of the 8 senior students must work out every architectural detail for a single building. This was a challenge as well as a rewarding experience for the students.

Approved by Minister Ma Xulun of Ministry of Education, Department of Architecture of Tangshan Engineering College was transferred to Beijing Branch of North Jiaotong University on Sept. 17, 1951. Xu Zhong took over Dean Liu Futai due to his old age In Department of Architecture, there were about 100 students, 20 or so for each of the 4 grades.

15 faculty members were required to move to Beijing Branch, including 3 professors: Xuzhong, Liu Futai and Dai Zhi'ang; 4 associate professors: Zong Guodong, Shen Yulin, Zhang Jiangguan and Lu Sheng; 3 lecturers: Fan Mingti, Zhuang Taosheng and Zhu Yaoci; and 5 assistant lecturers: Zheng Qian, Tong Heling, He Guanglin, Zhou Zushi and Shen Chengfu.

From Department of Architecture of Tangshan Engineering College to Department of Civil Engineering and Architecture of Tianjin University

Following the Russian higher education system, major adjustments were made in both Beijing branch and Tangshan branch in 1952.

Two Decisions made by Ministry of Railway on May 24 included: (1) North Jiaotong University was terminated from May 15; (2) Tangshan Engineering College was renamed Tangshan Railway College, and Beijing Railway Management College was renamed Beijing Railway College. The two railway colleges became independent colleges respectively subordinated by Ministry of Railways. An additional decision was issued on July 17 by Ministry of Railway that Tangshan Railway College would be specialized in cultivating railway, mechanical, electrical and electrical motor talents.

The whole country carried out a nationwide scale adjustment of colleges and departments from August. When Tangshan Railway College was concerned, the faculty, students, equipment and books of Department of Metallurgy were transferred to the newly established Beijing Iron and Steel Institute (Beijing University of Science and Technology now); Department of Mining to China Institute of Mining and Technology (China University of Mining and Technology now), of which the geological group was adjusted to Beijing Institute of Geology. Department of Chemical Engineering was merged in Tianjin University; and the hydraulic group of Department of Civil Engineering adjusted to Tsinghua University.

The former Department of Architectural engineering of Tangshan Engineering College (now in Beijing Railway College) was transferred to Tianjing University, becoming the backbone of its Department of Architecture, where Professor Xu Zhong had been the dean for almost thirty years. Moreover, the tradition of emphasizing both engineering and art in architecture in Tangshan College had a longstanding influence on Tianjin University today. Some outstanding graduates stayed as teachers in Department of Architecture, among whom Zhou Zushi and Hu Dejun successively served as dean of the department, Peng Yigang served as honorary dean. These people have made an important contribution to the architecture education in Tianjin University.

Teachers and Graduates

In this period, the faculty of Department of Architecture included Lin Bingxian, Liu Futai, Jorgensen, Xu zhong, Li Xuying, Dai Zhi'ang, Liu Guo'en, Wang Tingqi, Zong Guodong, Lu Sheng, Shen Yulin, Fan Mingti, Zhang Jianguan, Bao Boyu, Sun Enhua, Zhuang Taosheng, Shen Yusong, Shen Zuoyao, Chen Jiachi, Song Shenreng, Zhu Yaoci, Xu Zixiang, Zhou Zushi, He Guanglin, Zheng Qian, Tong Heling, Shen Chengfu.

Department of Architecture Engineering of National Tangshan Engineering College recruited 14 freshmen in total in Shanghai, Tianjing and Tangshan in September 1946. In the summer of 1947, the department enrolled 14 students in Tangshan, Beiping, Shanghai, Guangzhou and Wuhan. And there were still 17 freshmen enrolled in 1948.

Tangshan Engineering College of China Jiaotong University planned an enrollment of 40 in Beiping, Shanghai, Wuhan and Tangshan. In 1950, the planned enrollment rose to 50.

The graduates during this period took an active part in the construction of the new China, taking positions and becoming backbone engineers or managers in institutes of design, colleges and universities, factories and mining enterprises. To name some: Peng Yigang, Zhou Zushi, He Guanglin, Tan Zhenyao, Shi Xuehai, Hu Dejun, Tao Dejian, He Zhongyi, Liu Baozhen, etc.

唐山铁道学院初期的教学楼

蛰伏蓄势（1952 ～ 1985 年）

唐山铁道学院及西南交通大学时期

服务铁路建筑学教研室凝聚师资

Gathering the Qualified Faculty at the Module of Architecture, aiming to Serve the Development of the Railway

历经内战与新中国成立，新国体、新制度诞生。随着1952年国民经济恢复期结束，第一个五年计划的启动，揭开了新中国进入社会主义新型国家建设的序幕，国家教育体制也相应进行了大规模的调整和改变，以适应新型国家性质的要求，满足社会发展的需要。

在"一边倒"全面学习苏联的局面下，中国的建筑教育从体制到教学思想和方法都发生了深刻的变化。继1949~1951年之间国内部分高校中部分专业的小规模调整之后，1951年11月在北京召开的全国工学院院长会议拉开了1952年全国大规模院系调整的序幕。调整的方针是："以培养工业建设专门人才和师资为重点，发展专门学院，整顿和加强综合性大学"。

工学院是调整重点，遵循的原则是少半或不办多科性的工学院，多办专业性的工学院。在此背景下，从1952年8月开始，全国进行大范围、大规模的院系调整，到年底全国有四分之三的高校进行了调整。唐山铁道学院冶金系的师资、学生、设备、图书等，原则上全部调至新组建的北京钢铁学院（今北京科技大学）；采矿系原则上调整到中国矿业学院（今中国矿业大学），惟其中的地质组调整到北京地质学院；化工系并入天津大学；土木系水力组调至清华大学。

先前内部迁移至京院的唐院建筑系整体调整，成为天津大学土木建筑系的重要组成部分。原津沽大学建筑系也调至天津大学。

调整后，全国设立建筑学专业的院校共有7所，分别是东北工学院、清华大学、天津大学、南京工学院、同济大学、重庆建筑工程学院。

唐山工学院调整改名为唐山铁道学院，由8个系减为4个系。即将原土木工程系分为桥梁隧道系、铁道建筑系，原机械工程系改称铁道运输机械系，原电机工程系改称电气运输系。专修科由5个增至7个。

唐山铁道学院的建筑学专业教育暂时中断，但围绕铁道建设人才培养需要的相关建筑工程课程，却一直列入相关专业、专修科的教学计划中。力学、结构、测量等基础技术性课程依然是学校的强项，师资力量雄厚。

建筑学教研室与工民建专业

1954年铁道建筑系下设铁道房屋教研组，李汶教授任副组长、次年任主任，助教有胡德隆（兼组秘书）、谢琼、朱伯泉、刘洞庭、姚富洲、徐国健、张必恭（1955年任秘书）和席德陵。

1956年5月底，唐山铁道学院对5年制专业设置进行了新的调整，铁道建筑专业分设铁道房屋建筑专门化和铁道给水与排水专门化。

1957年3月，高等教育部同意唐院在桥梁隧道系增设工业与民用建筑专业。4月，学校成立工业与民用建筑专业筹备委员会，由李汶教授任主任委员，另有7名筹备委员。桥隧系建筑学教研组（先为房屋教研组）由此设立，李汶教授任主任，教师有张必恭、谢琼、胡德隆、刘宝箴、姚富洲、朱伯泉、宛素琴等。1956年8月刘宝箴从东北工学院研究生毕业后回母校，在教研室任助教。

1956年，苏联专家连斯基在天津大学举办建筑构造讲习班，李汶教授前往学

苏联专家连斯基（前排右4）与李汶教授（前排左4）、徐中教授（前排右2）在一起

习，并与原唐山工学院建筑系的师生相聚交流。

经过一年多的筹备，工业与民用建筑专业在1958年8月开始招收新生。桥隧系另设的建筑结构与施工专业，于1961年招生后又很快下马。

到"文革"前的1962年，建筑学教研室担任职务和任课的教师情况是：李汶教授任教研室主任，担任建筑构造、建筑物理、工业建筑课程；赵蕙斌助教任秘书，担任美术素描、水彩、速写及建筑初设课程；姚富洲讲师任副主任，担任美术素描、水彩、速写及建筑初设课程；宛素琴助教担任民用建筑设计原理及指导设计；朱伯泉讲师兼任资料室主任，担任建筑构造课程；刘宝箴担任工业建筑和设计原理课程；刘予余助教担任工业建筑辅导；桥隧系副系主任胡德隆讲师担任采暖通风课程；崔宝沛助教担任居住建筑课及设计辅导；周可仁助教担任采暖通风课程。

1970年后又有陈大乾、樊钟琴、杨季美、方晓明、魏国富等老师先后到教研室工作。

1960年代，唐院除桥隧系设有建筑学、建筑结构、建筑施工、画法几何及制图、建筑材料教研室等属于建筑学科范畴的机构，铁道系、数力系等还设有测量、地质、构造等教研室。这些都为20年后学校恢复建筑学专业教育提供了有利条件。基础尚存，学校并非在一张白纸上从零开始。

"文革"前后迁校建校

新中国成立后，唐院的规模急速扩大，教室与宿舍严重不足，扩充校舍势在必行。由于原校址地下储煤将由开滦矿局开采，而在唐山本地寻觅校址发展又遇到困难，学校先后有在北京、天津、沈阳、大同、兰州建校或扩建分校的计划，有的已经开始实施。

在这样的背景下，学校在1953年就成立了建校委员会，其任务就是集中力量保证完成新建校舍工程的计划、设计及施工任务。建校委员会下设设计处、总图设计组（包括上、下水道，道路）、建筑设计组、结构设计组、电路设计组、取暖组、家具设备组、测量队、资料组合地基勘测队。后来，学校设立了基建处，于1956年开始组织在兰州的选址及设计施工。

1956年10月，为了提高学校基本建设工作的质量，学校决定成立基本建设鉴定委员会，并制定了委员会的组织章程。委员会为学校最高审查机构，由院长在教授中聘请兼任委员。李汶、高渠清、张万久、吴炳焜、王继光、顾培恂、曹建猷被聘为鉴定委员会委员。

1960年代以后，国际形势发生急剧变化，中国周边地区出现了直接威胁我国安全的情况。1964年5～6月间，在中共中央召开的工作会议上，毛主席提出把全国划分为一、二、三线的战略布局，下决心要搞三线建设。铁道部根据中央的精神，酝酿把唐山铁道学院迁往大三线，往云贵川转移。9月，铁道部向学校发出指示，在唐山正在施工的迁建工程应立即收缩停建，尚未开工的一律不再开工。10月，高教部、铁道部联合致函四川省人民委员会，请求协助解决唐山铁道学院迁建与选址问题。

1965年1月8日，铁道部吕正操部长对学校迁校建校提出"自己动手，迁校建校"的指示，决定在四川峨眉马路桥镇与黄湾村之间，紧邻报国寺之丘陵地带选定校址。当年铁道部拨给基建投资200万元，用以进行勘测设计、施工准备和建筑部分教学和生活用房以及道路、供水、供电、通讯等工程。7月1日，峨眉建校工程破土动工，首先由本校师生承担"三通一平"的施工任务。

根据铁道部领导"设计由学校负责"的批示，学校抽调部分教师和1965届毕业生50余人成立设计室，对峨眉建校工程进行设计。建筑学教研室教师到峨眉后，即与学校的基建部门一道，承担了部分学校建筑的设计任务。期间，重庆建筑工程学院、哈尔滨建筑工程学院的部分师生在开门办学中来到峨眉，参加部分校舍的设计修建工作。

1966年6月18日，铁道部党组决定，在唐山的师生员工全部集中到峨眉进行"文化大革命"。此时，学校的教学、建校工作停滞。

1971年10月，交通部决定唐院唐山部分全部搬迁峨眉（交通部、铁道部业已合并成立新交通部）。1972年3月1日，交通部决定唐山铁道学院改名为西南交通大学。6月，建校工程再度上马。当年秋季，学校开始招收工农兵学员。

峨眉建校初始时期，学校有铁道工程、桥梁隧道工程、机械工程、电机工程4个系和基础课部，共12个专业，也包括工业与民用建筑。1974年又新增或恢复了6个专业。工民建专业的工农兵学员和教师到厂校挂钩的成都房管局、成都基建分局实行开门办学。

当时在建的兰州新校

1975年1月26日铁道部恢复办公后，学校名称为铁道部西南交通大学。

建筑学专业蕴育恢复

1977年11月，学校恢复教研室活动，教育教学工作逐步回归正轨。恢复高考后的77级学校有11个专业共录取新生521人。

在学校的工作重点转向教学和科研的过程中，学校千方百计抓师资队伍建设，抓教学质量，抓专业建设。1983年7月，经铁道部批准，学校设土木工程系、航测及工程地质系、机车车辆系、机械工程系、电气工程及计算机科学系、运输工程系、数理力学系。土木工程系恢复重建，下设铁道工程、铁道桥梁、隧道及地下工程、工业与民用建筑4个专业。

由于长期地处峨眉山区，交通不便，信息闭塞，这对一所以工为主的全国重

李汶教授（左2）等在峨眉山选址

点大学的今后发展来说，无疑是极为不利的。当时，全国几乎所有内迁高校都相继回迁或重新选定更为适合发展的校址，而西南交通大学的校址问题悬而未决，引起了广大校友及社会人士的强烈关注。经过5年的不懈努力，在各方热心推动下，铁道部经与四川省协商，终于做出在成都建设西南交通大学总校的决定。1984年5月9日，国家计委下达〔1984〕847号文件，批准铁道部《关于在成都扩建西南交通大学总校》的报告。

在这样的战略转移大背景下，1984年10月，学校提出要把我校办成以工为主，工、理、管、文相结合的，具有现代化水平的万人规模的综合性重点大学。当年，学校就新成立了社会科学系、管理工程系。1985年又增设了材料工程系和外语系。

以扩建成都总校为契机，西南交通大学开启了新时期重新出发的历史新征程。在学校恢复和大发展的背景下，1985年初，西南交通大学恢复已中断30余年的建筑学专业一事被提上了议事日程。此时，建筑学研究室聚集了李汶、刘宝箴等20多位专业课教师，为学校恢复建筑学专业提供了宝贵的师资条件。

1980年代的峨眉校园鸟瞰

西南交通大学峨眉校园图书馆，摄于1981年

Gathering the Qualified Faculty at the Module of Architecture, aiming to Serve the Development of the Railway

After the civil wars and the founding of the People's Republic of China, new constitution and systems were established. Since 1952, the national economic recovery came to an end, and the first five-year plan launched China's prelude of construction of new socialist country. To adapt to the requirements of the new country, as well as meet the needs of social development, a series of adjustment and changes were brought about in the national education system.

In the context of comprehensive learning from the Soviet Union, also called "leaning to one side", architectural education in China have undergone profound changes from the systems to the teaching ideologies and approaches.

After the adjustment of national university system in 1952, there were 7 universities with programmes of architecture: the Northeast Engineering Institute, Tsinghua University, Tianjin University, Nanjing Institute of Technology, Tongji University, Chongqing Institute of Architecture and Engineering.

Tangshan Institute of Technology was renamed as Tangshan Railway Institute, and its departments were reduced from 8 to 4, the reduced was: the former Department of Civil Engineering was divided into two, that is, Departments of Bridge and Tunnel and Department of Railway Construction, Railway Transport Machinery Department (Formerly the Department of Mechanical Engineering) and Electrical Transport Department (Formerly the Department of Electrical Engineering), special training courses were increased from 5 to 7.

The Programme of Architecture in Tangshan Railway Institute was suspended temporarily, while relevant construction engineering courses centering upon the railway construction and personnel training had always been included in the teaching plan of the relevant majors and special training courses. Basic technical courses with solid faculty foundation like mechanics, structure and meterage still remained as the advantages of the school.

The Module of Architecture and the Programme of Industrial and Civil Building

In 1954, the Module of Railway Housing under the Department of Railway

Construction was set up. Teaching staff included professor Li Wen who was the deputy head and served as the director in second year, teaching assistants Hu Delong (served as the part-time group secretary), Xie Qiong, Zhu Boquan, Liu Dongting, Yao Fuzhou, Xu Guojian, Zhang Bigong (served as secretary in 1955) and Xi Deling.

At the end of May 1956, the 5-year programme was adjusted by Tangshan Railway Institute. The programme of railway construction was further divided into the specialized program of Railway Construction and the one of Railway Water Supply and Drainage.

In March 1957, the Ministry of Higher Education approved of Tangshan Railway Institute setting up an additional programme of industrial and civil construction in the Department of Bridge and Tunnel. In April, the Industrial and Civil Architecture Preparatory Committee was established with Professor Li Wen as the chairman and 7 other members. Thus, the Module of Architecture was founded in the Department of Bridge and Tunnel. Professor Li Wen served as the dean, the teaching staff included Zhang Bigong, Xie Qiong, Hu Delong, Liu Baozhen, Yao Fuzhou, Zhu Boquan, and Wan Suqin, etc. In August 1956, Liu Baozhen came back to his alma mater after completion of his postgraduate studies at Northeast University of Technology and worked as a teaching assistant in the module.

In 1956, Lenski, a Soviet Union expert, sponsored a workshop on building construction in Tianjin University, at which Professor Li Wen communicated with teachers and students in the Department of Architecture of the former Tangshan Institute of Technology.

After more than one year's preparation, the programme of industrial and civil construction began to recruit students in August 1958, while the one of building structure and construction established in the Department of Bridge and Tunnel were unseated in 1961 after enrollment.

Until 1962 before the Cultural Revolution, the faculty in the Module of Architecture were: Professor Li Wen, head of the module, offering the courses of building construction, architectural physics and industrial building; Zhao Huibin, teaching assistant and secretary, offering the courses of art sketch, watercolor, sketch and preliminary design of architecture; Yao Fuzhou, lecturer and deputy director, offering the courses of art sketch, watercolor, sketch and preliminary design of architecture; Wan Suqin, teaching assistant, delivering the courses of civil construction principle and rending guidance for the course of design; lecturer Zhu Boquan, director of the library, offering the courses of building construction; Liu Baozhen, delivering the courses of industrial architecture and design philosophy; Liu Yuyu, teaching assistant, providing guidance for the course of the industrial construction; Hu Delong, lecturer and vice director of the Department of Bridge and Tunnel, offering the course of heating and ventilation; Cui Baopei, teaching assistant, delivering the courses of residential architecture and design guide; and Zhou Keren, teaching assistant offering courses of heating and ventilation.

After 1970, teachers like Chen Daqian, Fan Zhongqin, Yang Jimei, Fang Xiaoming and Wei Guofu joined the module.

In 1960s, the Department of Bridge and Tunnel consisted of modules such as architecture, building structure, construction, descriptive geometry and drawing, and building materials falling into the scope of the discipline of architecture. Besides, the Department of Railway and the Department of the Mathematics and Mechanics set up the modules of measurement, geological, tectonic and so on. These had provided favorable conditions for the recovery of the programme of Architecture after 20 years.

In 1960s, the Department of Bridge and Tunnel covered the modules of architecture, building structure, construction, descriptive geometry and drawing, and building materials falling into the scope of the discipline of architecture. Besides, the Department of Railway and the Department of the Mathematics and Mechanics included the modules of measurement, geological, tectonic and so on. These had provided favorable conditions for the recovery of the programme of Architecture after 20 years.

The Relocation and Rebuilding before and after the Cultural Revolution

After the founding of the new China, Tangshan Railway Institute expanded rapidly; a serious shortage of classrooms and dormitories emerged, thus making the expansion of the campus imperative. As the underground coal storage in the old campus site would be mined by Kailuan Mining Bureau and the idea of finding area for campus development in local Tangshan also run into a stone wall, the university had plans of developing campus or branch campus in Beijing, Tianjin, Shenyang, Datong and Lanzhou, of which some had been implemented.

Under such background, the Campus Construction Committee was set up in 1953, committing to the planning, design and construction of classrooms and dormitories on the new campus. The committee consisted of Design Department, General Layout Design Group (including water supply, sewer and road), the Architectural Design Group, Structural Design Group, Circuit Design Group, Heating Group, Furniture and

Equipment Group, Survey Group, Dataset and the Foundation Exploration Team. Later, the university newly established Construction Department began the selection of site in Lanzhou and the design and construction work.

In October 1956, in order to ensure and improve the construction quality, the university decided to set up the Basic Construction Appraisal Committee, and the articles of association of the committee was formulated. The committee was the highest review institution and the dean employed part-time members among the professors. Li Wen, Gao Quqing, Zhang Wanjiu, Wu Bingkun, Wang Jiguang, Gu Peixun, Cao Jianyou were committee members in the Appraisal Committee.

After 1960, the international situation underwent dramatic changes. A direct threat to the security of our country emerged in the surrounding areas of China. In May and June in 1964, the CPC Central Committee held a working meeting. Chairman Mao proposed the strategic layout plan dividing the whole country into first-tier, second-tier and third-tier areas, and determined to conduct third-tier construction. In accordance with the regulations laid down by the CPC Central Committee, the Ministry of Railways planned to move the Tangshan Railway Institute to the Third Tier Area including the provinces of Yunnan, Guizhou and Sichuan. In September, the Ministry of Railways issued instructions to the university, the relocation project under construction in Tangshan should be immediately stopped, and future development at the same location would not be considered in October, the Ministry of Higher Education and the Ministry of Railways jointly sent an official requirement to the People's Committee of Sichuan Province, requesting the assistance in handling the relocation and site selection issue of Tangshan Railway Institute.

On January 8th, 1965, Lv Zhengcao, minister of Ministry of Railways gave instruction on the relocation and construction of the campus - "do-it-yourself, relocate and construct the campus", and decided to locate the campus between Maluqiao town and Huangwan town, near the Baoguo Temple. The Ministry of Railways committed two million RMB to survey the topography of the campus and prepare for the construction of teaching and living facilities and infrastructure. On July 1th, the campus construction started in Emei, and the staff of the university undertook the task of "three supplies and one leveling"- supply of water, electricity and road, and leveling ground.

According to the instruction of the leaders of Ministry of Railways, the university assigned some teaching staff and 50 graduates of 1965 to set up the designing and drawing office to construct the campus. Upon the arrival of the teachers of Architecture in Emei, they worked together with the infrastructure office undertaking part of the campus designing. During the construction of Emei campus, some teachers from

Chongqing University and Harbin Institute of architecture and Engineering came to Emei and joined the campus construction.

On June 18th, 1966, the Communist Party of Ministry of Railways decided that all staff and students came to Emei for "Cultural Revolution". In the meantime, all the teaching activities and campus constructions bogged down.

In October 1971, the Ministry of Transport decided all the staff and students in Tangshan moved to Emei (The Ministry of Transport and Ministry of Railways merged into one as the new Ministry of Transport). On 1st March, 1972, the Ministry of Transport decided to rename Tangshan Railway Institute as Southwest Jiaotong University. In June, the campus construction restarted. And in autumn of the same year, the university began to enroll students from workers, peasants and soldiers.

During the start of Emei period, there were four departments, including the ones of Railway Engineering, Bridge and Tunnel engineering, Mechanical Engineering, and Electrical Engineering and the Basic Courses Department, covering twelve programmes including the one of industrial and civil building. In 1974, six more programmes were offered or restored. Meanwhile, the policy of conducting open-door schooling was carried out, the students of workers, peasants, and soldiers specializing in civil construction and the teaching staff went to related institutions as Chengdu Housing Authority and Chengdu Infrastructure Bureau for studies.

Restoration of the Programme of Architecture

In November, 1977, the teaching-research activities were restored, education and teaching gradually fell into place. In that year, there were a total amount of 521 new students recruited for 11 programmes.

In the process that the university shifted its focus to teaching and research, the university made every endeavor to enhance the development of teaching staff and the quality of teaching. In July 1983, the university established the Department of Civil Engineering, Department of Geology, Engineering and Aerial Survey, Department of Locomotives, Department of Mechanical Engineering, Department of Electrical Engineering and Computer Science, Department of Transportation and Department of Mathematics and Mechanics. The Department of Civil Engineering was restored with four programmes, that is, the ones of railway engineering, railway bridges, tunnels and underground engineering, industrial and civil buildings.

Since the university was located in the mountain area, the inconvenience of traffic and the lack of information turned into a great disadvantage for a national key engineering university. At that time, almost all the inland universities returned to their original location or were relocated to more suitable sites, but the location for Southwest Jiaotong University remained undetermined. It aroused strong concern of the majority of alumni and the public. After 5 years' unremitting efforts, with the enthusiastic favors by the different parties and the consultation by the Ministry of Railways with Sichuan Provincial Government, the determination was consequently made to locate Southwest Jiaotong University in Chengdu.

Under the background of strategic shift, in October 1984, an idea was put forward that we would establish a modern large-scale comprehensive key university specializing in engineering and covering disciplines in engineering, science, management and liberal arts. In the same year, the programmes of social sciences and management engineering were established and the ones of materials engineering and foreign languages incorporated in 1985.

Southwest Jiaotong University started a new journey in the new period of history with the expansion of the main campus in Chengdu. At the beginning of 1985, under the background of recovery and large-scale development of the university, restoring the programme of Architecture major suspended for more than 30 years was on the agenda in Southwest Jiaotong University. At that time, there were Li Wen, Liu Baozhen and other more than 20 teachers, gathering in the module of architecture being valuable resources for the recovery of Architecture.

初具规模的成都总校

恢复重构（1985 ~ 2016 年）
改革开放后的西南交通大学

全面建设完成了完整的学士、硕士、博士人才培养体系奔向未来

Comprehensively Establishing and Accomplishing the Complete Talent Cultivation System of the Bachelor , the Master and the PhD, Heading for the Future

为适应改革开放和现代化建设的需要，学校在1985年恢复了建筑学专业招生，开启了西南交通大学建筑与设计教育发展的新篇章。

从1985～2015年的30年间，是学校建筑学科发展的第三个历史时期。伴随改革开放的伟大事业和国民经济与社会的飞速发展，西南交通大学建筑与设计教育在继承唐院建筑系优良传统的基础上，从以建筑学教育为中心的单专业办学（1985～1997年），逐步发展到建筑学学科统领下的多专业办学体系形成（1997～2005年），进而进入到目前以学科建设为中心的办学质量提升登峰的发展阶段（2005年至今）。为中国的现代化建设培养了大批当前的中青年骨干人才，为我国轨道交通的跨越式发展和西部地区的大规模开发建设做出了积极而卓有成效的贡献，为建筑与设计类学科专业的成长和发展探索出一条富有特色的成功道路。

以建筑学教育为中心的单专业办学（1985～1997年）

1985年恢复建筑学专业本科招生，是西南交通大学建筑与设计教育的重要历史发展节点。自此，伴随改革开放的伟大实践，建筑学专业在30年的持续办学实践中不断发展提升，引领建筑类学科群取得了巨大的进步与发展。

从1985年建筑学专业恢复招生至1997年新办城市规划专业之前的12年，是以建筑学教育为中心的单专业办学阶段。建筑系得以恢复设立，师资力量不断增强，教学条件不断改善，学科平台基础得以不断夯实，为下一阶段多专业学科体系的形成打下了坚实的基础。

在这一阶段，建筑系在全校率先迁入成都总校办学，翻开了西南交通大学人才培养历史新的一页。刚刚恢复设置的建筑系，受到学校的高度重视，得到了海内外校友和兄弟院校的热情支持。建筑学专业从恢复之始，就一直坚持走高标准的办学之路。青年教师和学生朝气蓬勃，积极投身时代大潮，开始在一系列重大专业竞赛中崭露头角。多元化的专业文化氛围和积极进取的专业精神，鼓励着师生深入参与类型广泛的社会实践，培养了一批专业扎实、思维活跃、适应广泛的优秀人才。

专业重启：当今四川省的第一个建筑学专业

党的十一届三中全会以后，我国社会驶入了以经济建设为中心的发展快车道。国民经济和社会事业的快速发展，迫切需要大批高水平的专业技术人才，特别是城乡建设的专业人才。1980年代初期，作为隶属铁道部、主要为铁路建设培养专门人才的西南交通大学，开始积极筹划面向社会更广泛的建设需求培养人才。建筑学专业在学校具有深厚的办学积累，良好的师资和办学资源传承，又有着强烈的社会需求，学校果断决定恢复建筑学专业的招生。

1985年5月，经铁道部、教育部批准，同意西南交通大学于当年恢复招收建筑学专业本科学生，学制4年。这是改革开放后较早开始建筑学专业招生办学的学校之一，西南交通大学建筑学专业成为当今的四川省的第一个建筑学专业，对四川省的建筑类高级人才培养和城乡建设，具有重要的意义，并在其后的30年间发挥了巨大的作用，产生了深远的社会影响。

恢复招生的建筑学专业，由当时的土木工程系建筑学教研室主持。建筑学教研室自1950年代院系调整和建筑学专业停招以来，一直在房屋建筑学、铁道建筑、工业建筑等课程教学和铁路、教育建筑设计创作中，传承唐院建筑教育的优良传统，并不断吸收和集聚建筑学科专门人才。至1985年建筑学专业恢复招生时，已经形成了一支以李汶、刘宝箴等教授为首的，具备相当规模和良好结构的师资队伍。李汶、刘宝箴、郭文祥、陈大乾、季富政、钱宜菊、杨坤丽、李异、吴贵凉、洪毅、陈颖、曾斌、王瑜、邵松、杨向东、周可仁、宋宏建、彭虹、杨洁、杨晓波、张孜川、李清诚、刘健蓉等23位老师执教建筑学专业。

这支教师队伍绝大部分具备建筑学专业背景，且学缘丰富，在当时已拥有教授1人，副教授3人。在建筑学专业因"文革"等原因，经历了全国范围长期停止招生，1970年代末至1980年代初才逐步恢复或新设的历史条件下，于1985年即恢复招生的西南交通大学建筑学专业，在恢复办学之初，就拥有了一支具备较高水平、较大规模的优秀教师队伍，为此后30年的发展设立了高标准的起点，奠定了重要的基础。

建筑学专业1985级共招收学生19名。当年，学校为了改革办学方法，提高人才培育质量，创新人才培养机制，设立了跨学科的"理科试点班"，根据高考成绩等指标，在全校范围选拔，建筑学1985级学生就有3人入选。自恢复招生伊始，30年来，建筑学专业始终是西南交通大学高素质生源集中的专业。

1985年9月，19名建筑学新生报到入学，正式揭开了西南交通大学建筑学教育的新篇章。

恢复设系：重构开启建筑教育新航程

恢复招收建筑学专业本科学生后，继续在土木工程系的架构下培养建筑学专业的学生，已不适宜学科长远发展的需要。经学校研究，同意在已具备相当规模的建筑学教研室基础上，尽快恢复设立建筑系。恢复设立建筑系，得到了学校领导、海内外校友，以及兄弟院校、本地各专业设计单位的大力支持和积极响应。

1986年初，西南交通大学决定恢复设置建筑系。3月8日任命刘宝箴任系主任（学校建筑系历史上的第四任系主任），郭文祥任直属党支部书记。4月28日，西南交通大学建筑系恢复成立大会在峨眉举行，学校领导、校友代表和全系师生出席了大会。

在恢复设置建筑系的同时，根据社会需求和铁路建设事业的需要，结合办学

建筑系恢复成立大会

模式改革，学校进一步调整完善了院系设置。20世纪80年代后期，除建筑系外，西南交通大学还设有桥梁及地下铁道、铁道及道路工程、机械工程、电气工程、材料工程、工程力学、运输工程、管理工程、社会科学等共16个系，以及研究生部和成人教育学院。学校日益丰满完善院系和人才培养层次设置，为建筑系的恢复和发展提供了良好的支撑。特别是具有鲜明轨道交通行业优势与特色的学科群，为建筑系的相关课程建设和特色凝练营造了很好的氛围。

在原建筑学教研室20余名教师的基础上，刘激涛、徐德明、周建华、王立品、万兆等5位老师于1986年开始在建筑系任教。至此，建筑系成立时，教师与行政管理人员已近30人，是当时规模较大的建筑学人才培养单位之一。

建筑系下设建筑学教研室、建筑物理教研室、美术教研室、建筑物理实验室、建筑摄影室和建筑系资料室。长期积累的师资力量，保证了建筑系一经恢复设立，就迅速建立了较为完整的教学、实验、信息资料部门体系，为建筑学专业办学提供了有效的组织和质量保证。

为了尽快提高完善建筑学专业的办学水平，刚刚成立的建筑系在学校大力支持下，多批次派出骨干教师到同济大学、天津大学、重庆建筑工程学院（今重

20世纪80年代建筑系部分教师合影

庆大学）交流，聘请了著名校友、天津大学童鹤龄教授来校主持建筑设计初步课程；邀请清华大学李道增教授帮助完善培养计划；邀请了著名校友、天津大学彭一刚教授（1995年当选中国科学院院士），著名校友、中国建筑设计大师佘畯南（1997年当选中国工程院院士），西南建筑设计研究院（今中国建筑西南设计研究院有限公司）徐尚志总建筑师和郑国英、庄裕光先生，四川省城乡规划设计研究院熊世尧先生等资深专家，直接参与课程教学。通过这些努力，使得新成立的建筑系教学工作快速步入正轨，从恢复建筑学专业教育之初就保证了专业教育的高水准。在老教师们的严格要求和热情帮助下，青年教师快速得到成长。复系当年，建筑设计基础课程即获评西南交通大学首届优秀教学成果奖，李异老师成为全校唯一一名获奖的助教。

除了想方设法提升师资队伍水平，坚持高标准开设课程，并积极争取资源不断改善办学环境，建筑系在恢复设立之初，就把学术眼光投向海外。在1980年代中期，建筑学专业国际学术交流还相对非常匮乏，新成立的建筑系积极联络海外校友，通过他们搭建国际学术交流的渠道。1986年11月12日，1945届校友、英国

童鹤龄、彭一刚、佘畯南、徐尚志、郑国英、庄裕光、熊世尧等专家直接参与教学

皇家建筑学院院士黄匡原教授率美国现代建筑与都市规划访问团，应邀来校开展学术交流，举办学术讲座并与建筑系学生举行座谈会。时任学校副校长的胡正民教授亲自主持学术报告会并担任翻译。黄匡原教授被聘为学校顾问教授，长期关注和帮助建筑系的专业建设和国际化发展。

建筑系的恢复设立，是西南交通大学学科建设的重要历史节点，对学校"多学科协调发展"格局的形成有积极的历史意义。刚刚恢复建筑学专业招生不足一年，学校就决定恢复设立建筑系，既反映了西南交通大学建筑教育的深厚基础和不辍传承，体现了学校自20世纪前期就一直不间断地对建筑教育的重视，也显示了学校领导和刘宝箴教授等建筑系学科发展带头人的远见卓识。

搬迁成都：率先跨进西南交通大学成都办学时代

建筑学专业恢复招生后，时任校长沈大元指出，基于建筑学科的特征，建筑系不宜设在当时交通、信息条件都落后闭塞的峨眉，应尽快前往成都，结合都市环境，培养高水平建设人才。

按照学校部署，1985年暑假前夕，刚刚恢复办学的建筑学专业开始从峨眉前往成都。因成都总校尚未开工建设，建筑学专业被暂时安排在当时的成都分部（原成都铁路运输学校校址）办学。当时从峨眉到成都，交通非常不便。学校在紧张的运力中抽调了几个车次的卡车将部分仪器设备、教师行李运往成都后，仍余有相当数量的图书资料和仪器。建筑系的老师们，从已经年过半百的系主任刘宝箴教授，到刚刚参加工作一两年的年轻老师，冒着酷暑，一次次往返于成都至峨眉拥挤的火车上，用书包背，用双手搬，终于在秋季开学前，做好了在成都办学的准备。

1985年9月，85级建筑学专业19名新生在成都分部报到入学。当时担任新生年级班主任的钱宜菊老师，推着自行车往返成都火车站和分部，把每一位同学接到学校。这样的迎新方式，一直延续到几年后学校完成整体从峨眉迁入成都总校，在成都集中安排迎新才告结束。建筑学85级学生成为西南交通大学成都办学历史阶段的第一个本科班，也是当年在成都的唯一一个本科班，开启了学校在成都本科培养层次的办学。此后，建筑学各级学生均在成都报到入学。因为当时学

20世纪90年代成都九里校区的校园

校本部仍设于峨眉，所以，每年新生入学教育、校运动会活动，建筑系师生都要从成都乘火车前往峨眉，活动结束后再返回成都。

1987年以后，位于九里堤的成都总校有部分建筑陆续落成，建筑系开始逐步由分部迁入校园。彼时的校园，还是一个巨大的工地，各种配套设施都还没有建成，建筑系师生每天往返于"晴天黄土扬，雨天黄泥塘"的宿舍与教学楼之间，却始终满怀骄傲与自豪，还结合专业，积极参与学校建设，组织工地实践和现场教学。新恢复的建筑系，见证和参与了成都总校校园从无到有、拔地而起的全过程，率先跨进了西南交通大学的成都办学时代。

1988年秋季，全校新生在成都总校开学；至1989年，学校各部门陆续完成迁蓉。新建成的成都总校办学条件大大改善，多学科相互影响的办学氛围与成都市作为西南地区重要中心城市的交通、区位、信息和资源优势，成为建筑学专业办学水平进一步提高的有力保障。

创作实践：发挥特色，服务学校和社会

20世纪80、90年代，改革开放的春风掀起了国民经济各个领域的建设高潮。建筑系师生积极投身社会服务，为地方经济建设、铁路建设、社会发展，也特别为学校的发展建设，开展了丰富的创作实践。在实践中锤炼队伍，培养学生，扩大影响，提升办学的综合实力。

迁入成都办学后，建筑系教师积极与地方对接，主动服务城市建设，发挥

本地当时唯一的建筑学专业的优势，为城乡建设提供咨询。与此同时，设计创作了一批有代表性的公共建筑。如成都国际会议展览中心（陈大乾、廖卫东、王俊等主持设计），总建筑面积113000平方米，包括会展、酒店、商业、餐饮等多种功能，是当时西南地区首屈一指的现代化大型城市综合体，于1997年建成投入使用。

　　以成都为中心，建筑系教师的设计创作也对周边地区的建设发展，起到了积极的推动作用。如四川省地级市第一个旅游宾馆——乐山嘉州宾馆设计（刘宝

成都国际会议展览中心

篾、陈大乾主持设计）、新都保险干部学校校园规划与建筑设计（郭文祥、刘宝篾、陈大乾主持设计）、峨眉山"名山起点"规划设计（张先进、崔珩、王蔚主持设计）等，都在当时产生了积极的社会影响。

在保证教学力量的同时，建筑系也积极组织教师，结合有合作关系的建筑、规划设计单位，特别是依托佘畯南校友的广州佘畯南建筑事务所，在全国乃至国外积极开展设计创作，以丰富教学课题，锻炼青年教师。代表性的设计创作包括崇明岛东平国家森林公园规划（崔珩等主持设计）、中国驻缅甸大使馆室内设计（方维佳等主持设计）等。

作为中国铁路建设的主要人才培养和科学研究基地之一，西南交通大学一直承担着为铁路建设直接提供包括建筑设计在内的设计服务的重要职责。恢复建筑学专业并成立建筑系后，在刘宝篾教授带领和大力倡导下，西南交通大学建筑学科坚持在交通建筑，特别是铁路客站建筑领域开展了大量实践和研究，为日后交通建筑及其规划与景观学术研究方向的做大做强，奠定了良好的基础。

在以建筑学教育为中心的单专业办学这一阶段，建筑系教师参加了洛阳站、徐州站、沈阳站等一批大型铁路客站的设计工作，独立完成了时称"国家最大的扶贫项目"，沟通西南与华南沿海的重要通道，和云贵川出海最佳捷径的南昆铁路数十座小型客站的站房建筑设计。除了铁路客站，建筑系教师在这一阶段还完成了以泸州客运港综合大楼（刘宝篾主持设计）、成都市蓉北商贸运输广场（方维佳主持设计）、成都金沙客运站（程塑等主持设计）等一批交通建筑设计创作实践。

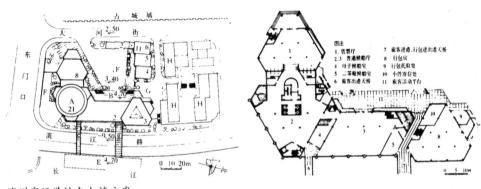

泸州客运港综合大楼方案

成都总校行政楼、体育场、学术交流中心

在学校搬迁成都的重要历史进程中，建筑系不仅服从学校安排、勇为先锋，更是积极担当、充分动员组织教师，圆满完成了学校分配的大量校园建筑的设计任务。1985年，时年已76岁高龄的李汶教授，参加了成都总校总体规划的评审工作，并担任评审组副组长；另一位评审组副组长为我校知名校友、著名城市规划专家郑孝燮教授。此后，由建筑系教师承担设计任务的成都总校行政楼（郭文祥主持设计）、体育场（刘宝箴主持设计）、学术交流中心（刘宝箴、郁林主持设计）相继建成，大学生会堂（郭文祥主持设计）完成了方案设计，为学校搬迁成都，做出了重要的贡献。

升层延制：招收研究生，实行本科五年制

在恢复建筑学专业本科招生的同时，刘宝箴教授等建筑学专业的主持者，就把目光投向了培养高层级专业人才的研究生教育。建筑系恢复设立后，一边完善本科教学体系的构建，一边积极开始研究生培养的筹备与组织工作。经过数年的

广泛调研和交流，结合我校建筑学专业的特点和办学条件，制订了研究生培养探索期的培养方案，确定了招生条件，并根据培养方向，为研究生培养组织了必要的教师队伍。

在上述紧张筹备工作的基础上，经学校批准，1988年，在恢复招生的建筑学专业第一届本科生毕业当年，建筑系开始研究生培养的尝试，首批招收研究生2名，由时任西南建筑设计院总建筑师徐尚志和刘宝箴教授共同指导。西南交通大学在20世纪80年代开始建筑学专业研究生培养的探索与实践，在当时国内的建筑教育领域，属于较早的一批研究生培养实践。对进一步凝练学科方向，建设导师队伍，以及促进本科教学水平提升，起到了非常积极的作用。

随着建筑学本科专业办学经验的积累和师资队伍建设水平的不断提升，1991年，学校报经国家教委和铁道部批准，将建筑学专业本科由4年制改为5年制，成为20世纪90年代初期，国内较早实行建筑学专业5年制教育的学校之一。建筑学专业改为5年制培养，是改革开放以来，西南交通大学建筑教育走向成熟的重要标志，代表着以建筑学专业教育为中心的培养体系初步完善。

建筑学专业本科5年制培养方案的确定和不断完善，为学校施行学分制教学

刘宝箴教授在实验室

管理后的教学组织，以及日后城市规划、景观建筑设计专业培养方案的确定，奠定了坚实的基础。

与改革开放初期全社会迫切的人才需求相比，20世纪80、90年代，我国高等教育的人才培养规模还是相当有限的。如何在既有的办学条件下，尽可能在短时间内培养更多的，能满足社会基本建设需求的专业人才，是全国建筑教育都面临的重要课题。

按照学校安排，参考当时国内主要建筑院校的大学专科生培养模式，建筑系于1988年招收建筑学专业大专班，学制3年。作为建立在已有完整培养过程实践的本科专业基础上的专科教育，该班的教学按照4年制建筑学本科专业的课程设置，适当减少了设计课专门类别和学时，但在基础知识平台和设计训练深度上，保持与本科班一致，取得了良好的教育效果。1994～1996年间，为满足日益增长的建筑设计人才需求，建筑系受学校成人教育学院委托，招收了3届成教大专班学生，每届一个班，参照5年制建筑学本科专业的培养要求，缩减部分设计专题和学时，在保证知识基础和专业能力的同时，以较高的效率培养社会急需的实用人才。值得注意的是，1988年全校本科新生在成都总校入学后，根据学校布局安排，之后的专科生基本全部在峨眉分校（2003年更名为峨眉校区）培养。而建筑系招收的全部4届专科生，全部在成都总校与本科生在同一平台和环境中培养，有力保证了培养质量，也使得专科教育成为特定历史时期，建筑学专业本科教育的有益补充。

经过积极不懈的努力，虽然和全国高校一样，经历了20世纪80年代末的政治风波和20世纪90年代初期的人才大流动，学校依然保持了一支规模稳定，水平不断提升的教师队伍。至20世纪90年代中期，建筑系顺利完成了1985级以来的各年级本科生的培养，在研究生培养和专科生培养领域也开展了积极的实践，人才培养水平稳步提升。从1996级开始，建筑学本科每年招生规模扩大到2个班，招生人数为50～60人。

1996年，经上级批准，西南交通大学设立建筑设计及其理论硕士点，全面开展建筑学科硕士研究生的培养工作，形成了建筑学专业为中心的多层次的人才培养体系，为下一个历史发展阶段，多专业办学体系的形成，打下了坚实的基础。

进取多元：营造积极而开放的育人文化氛围

自唐山办学时代起，严谨治学、严格要求的"双严"传统就是一直是西南交通大学人才培养世代传承的价值取向。恢复设立的建筑系，很好地继承了学校的光荣传统，以李汶教授为代表的老一辈教师，以身作则，无私奉献，以实际行动向青年教师和学生展现了唐院的严谨作风；中青年教师和学生积极投入专业教学和设计创作，追求完美，精益求精。从复系之始，就形成了积极崇尚进取的学术风气。

李汶教授1933年毕业于交通大学唐山工程学院，是土木系建筑门第一届毕业生。毕业后终身在母校执教近70年，还在学校历次迁移中，主持了天津、北京、唐山、兰州等多处校址的勘察、规划和建筑设计，是唐山交大以学贯中西、诲人不倦而著称的杰出名师代表"五老四少"中的一员，深受广大海内外校友的爱戴。1985年学校恢复建筑学专业招生时，李汶教授已经是74岁高龄，但他始终坚持工作在教学一线。1986年恢复建筑系时，按照规定，李汶教授已近退休，由于仍有一些课程需要他讲授，他又接受建筑系返聘，亲自为本科生授课3年，直至

李汶教授制作的古建筑模型

80岁。复系之初，建筑学专业急需开设专业英语，没有合用的教材，李汶教授为了开这门课，亲自编写教材，付出了巨大的劳动，成绩斐然。

李汶教授平时喜练书法，尤长草书、行书，挂在李汶教授客厅中的一幅行书中堂就是他自己写的。这幅中堂抄录的是清人徐谦的诗作，其中的"不羡一囊钱，惟重心襟会"正是李汶教授淡泊金钱名利、崇尚真心真情的精神境界的写照。1987年1月5日，李汶教授荣获四川省人民政府颁发的"从事科技工作五十年荣誉证书"。1997年11月4日，时任中共中央政治局常委、国务院副总理的李岚清同志来学校视察。在观看学校校史展览时，从照片上认出李汶教授，正是他以前的高中老师。那是1947年，时任国立唐山工学院教授的李汶回老家料理家事时，因战乱无法返校，曾在其表兄任校长的镇江京江中学高中部执教过一年多。在视察工作结束后，李岚清同志立刻登门拜访了李汶教授。李岚清同志深情回忆："我还记得，李老师教我的是解析几何。李老师讲课真是一丝不苟。"他对李汶教授说："您为祖国的教育事业做出了很大的贡献，培养人才功不可没！好好保重身体，祝您健康长寿！"

李汶教授爱国爱校、严谨治学的精神，为建筑系师生树立了光辉的榜样，是

李岚清同志亲切看望李汶教授

建筑学科积极崇尚进取的学术风气形成的重要精神动力。

　　1985年恢复建筑学专业招生这一年，学校还有一件大事发生。当年7月24日，西南交通大学电教室摄影员尧茂书，在首漂长江的科学考察探险中，不幸遇难。尧茂书为了民族荣誉和科学精神英勇献身的事迹，激发了全国青年内心深处的激情，他的壮举向世界宣告：中国人并不缺乏征服大自然的勇气和力量，中国人完全具备为实现宏伟理想而勇于探索、勇于开拓、不怕艰难、不怕牺牲的勇气！热烈洋溢在20世纪80年代青年心中的英雄主义和理想主义，也是建筑学科积极崇尚进取的学术追求的重要来源。尧茂书烈士的妻子刘健蓉老师，在1986年学校恢复设置建筑系时，到建筑系摄影室工作，为西南交通大学建筑教育的发展做出了积极的贡献。

　　建筑学专业跨学科的专业特征，使得建筑系相对学校其他院系，更为鼓励和包容多元的文化氛围。建筑系积极争取社会资源，经常邀请著名建筑师和学者来校讲学和出席学术活动。1991年5月，成功举行了庆祝建校95周年、复系5周年学术活动，佘畯南、彭一刚等著名校友出席，并分别给学生们开设讲座；1992年美国耶鲁大学建筑教育家邬劲旅教授来校讲学，并受聘为顾问教授。在与著名学者、国际专家的不断接触和交流中，建筑系的学术研究领域不断拓展，师生广泛关注经济、社会、文化的方方面面。

　　1996年5月16日，为庆祝西南交通大学百年华诞，建筑系举行百年校庆学术报告会。顾问教授佘达奋做了"星级酒店室内设计与展望"的报告；张先进教授做了"泰

首漂长江英勇牺牲的尧茂书烈士

顾问教授、著名建筑师佘达奋先生（右）

国古建园林考察"的报告；廖卫东副教授做
了"我国高层商业综合楼功能与空间研究"的
报告；陈颖老师做了"从西廊坊式街市探讨"
的报告；陈大乾教授做了"从羌族文化、民风
民俗看羌族建筑"的报告。从报告会的主题来
看，建筑系呈现出活泼多样的学术研究态势，
围绕建筑学专业的中心领域，形成了丰富多元
的育人文化氛围。同年10月，建筑系自办的师
生学术刊物《方圆》创刊。

学校对建筑学专业的办学非常重视，在
当时的条件下，对教学的各环节给予了充足
的经费保障。建筑学专业的学生得以走遍全

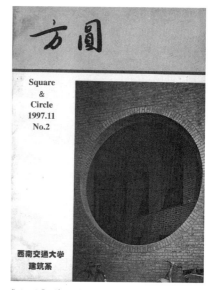

《方圆》第二期面

国开展实习和调查，这一点在1980年代尤显不易，成为多元化的人才培养氛围的
重要支持。教学过程中，课程设计选取了许多当时比较新颖的公共建筑类型，采
用全国不同地域的真题，拓展学生视野，培养解决多样化问题的能力。在专业学
习之外，建筑系学生在校园文化、体育活动中，也均有比较突出的表现。

1996年，学校安排美术教研室调出建筑系，此后曾先后隶属于人文社会科
学学院、艺术与传播学院，在美术教研室的基础上逐步发展建设了艺术设计
系、工业设计系和美术学系。设计类专业的单独建制，从学校的层面，增添了
与建筑学专业相呼应的专业系列，对于多元化的建筑设计人才培养起到了积极
的促进作用。

喜报频传：人才培养硕果初结

高标准的培养起点，严格的教学要求，丰富而广泛的创作实践，进取而多元
的学术氛围，这些都为建筑学专业的人才培养提供了良好的环境，保证了西南交
通大学建筑学专业自恢复招生就保持教育的高质量。青年教师和学生在教学与实
践中快速成长，人才培养硕果初结。

1987年，建设部举办了"中国'七五'城镇住宅设计方案竞赛"，作为改革

开放以来的第三次全国住宅设计竞赛，广受全国建筑界关注，全国近万名建筑师和专家投入这一活动，提出设计方案近5000个。这次方案竞赛适应时代发展，更多地考虑了现代生活居住行为模式的影响，起居厅的概念得到了注意，"大厅小卧"式住宅设计得到普遍欢迎和应用。典范的设计还重视了室内使用功能，利用有限的面积创造出多种类型的空间，特别是厨房、卫生间功能的完善得到了更多的重视。建筑系青年教师周建华获得此次竞赛二等奖，给全系师生有力的鼓舞。

1994年10月9日，建筑学1991级本科生魏奕波在指导教师陈大乾、郁林、张

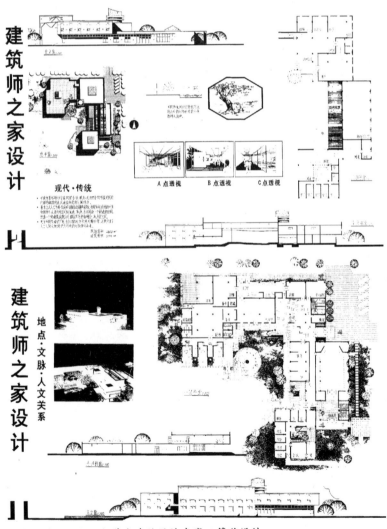

魏奕波获1994全国大学生建筑设计竞赛三等奖设计

先进等指导下完成的建筑设计参赛作品，获1994年全国大学生建筑设计竞赛三等奖。作为建筑学专业改为5年制办学培养的第一届学生，魏奕波在全国大学生建筑设计竞赛中的获奖突破，是对建筑学专业办学水平的积极肯定。

1995年5月23日，国际建协第三届城市住宅设计竞赛暨第六届国际大学生建筑设计竞赛揭晓，此次竞赛共设4个最高奖和11个荣誉奖。建筑学92级学生李燕宁、胡菊在讲师陈斌指导下设计的西藏拉萨住宅区的改造方案——《雪域方舟》，获荣誉奖。该方案设计积极尝试了在情感与建筑之间寻找一个结合的契机，诠释建筑

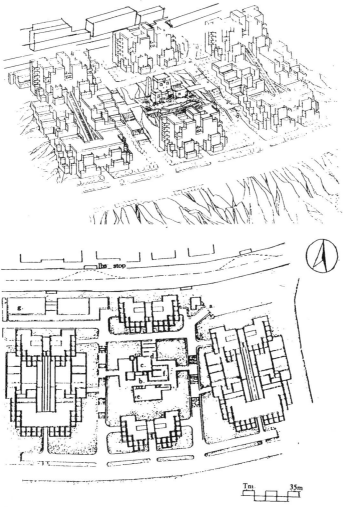

李燕宁、胡菊获第六届国际大学生建筑设计竞赛荣誉奖作品——《雪域方舟》方案

与禅宗哲学的相似相融性，并在此基础上，探索一条适合西藏的现代建筑发展之路。在当年该竞赛中，我国只有天津大学和西南交通大学两校获此奖项。该方案设计模型，被纳入1996年庆祝交通大学建校一百周年校史展览展出。

师生在高级别专业竞赛中捷报频传，建筑学专业整体人才培养质量也不断提升，毕业生成绩、就业质量一直位居全校前列。20世纪80年代入学的学生，经过近三十年的实践锻炼，有不少已成为行业领导力量，如85级的朱宗亮（中铁第五勘察设计院集团有限公司副总建筑师）、85级的刘海东（中铁十九局副局长）、86级的付海生（中铁第一勘察设计院集团有限公司副总工程师）、86级的徐卫（四川省建筑设计研究院副院长、总建筑师）、88级的刘刚（中国建筑西南设计研究院有限公司副总建筑师）等，都是其中代表。

建筑学学科统领下的多专业办学体系形成（1997~2005年）

从1997年设立城市规划本科专业开始，至2005年建筑学学科统领下的多专业办学体系基本形成，是承上启下的发展转折阶段。以本科、研究生教育先后通过全国高等学校建筑学专业教育评估为标志，西南交通大学的建筑教育水平开始进入全国先进行列，并在全国建筑院校率先实现了完整覆盖广义建筑学的本科专业体系；研究生培养建成了建筑学一级学科下全部二级学科领域覆盖；设立了景观工程博士点，开启了高端人才培养之路。办学主体实现了从建筑系向建筑学院的转变，师资队伍规模有了较为明显的增长，结构进一步优化，科学研究和设计创作迈上了新的台阶；全面开始了国际化和信息化建设，对口支援西藏大学工学院建立建筑学专业，服务社会的能力和贡献持续提升。多专业办学体系的形成，为下一阶段以学科建设为中心，全面实现办学质量的跨越提升，奠定了坚实基础。

以评促建：建筑学专业办学水平稳步提升

1992年，为了加强国家、行业对建筑学专业教育的宏观指导和管理，使建筑学专业的学生了解建筑师的专业范畴和获得执业建筑师必备的专业知识，为我国建筑学专业学位与世界其他国家同等专业评估相应学历的互认创造条件，建设部下属的全国高等学校建筑学专业指导委员会及建筑学评估委员会开始开展建筑学专业教育评估工作。经过几年的实践探索，取得了非常好的社会影响，专业教育评估已经成为衡量高校建筑学等工程类专业办学水平的最有说服力的标准。

在此背景下，西南交通大学建筑系也开始积极筹备建筑学专业教育评估。以系主任陈大乾教授为首的系领导班子，积极开展调研准备，针对教学管理、教学条件、师资队伍等评估考核重点，对照评估要求，认真分析经验、查找问题，以建筑师的人才培养质量为核心，对恢复建筑学专业招生以来的建筑学专业教育进行总结。确定了以评促建，实现建筑学专业办学水平再上台阶的目标，正式向学校申请，参加全国建筑学专业教育评估。

1996年，根据全国高校建筑学专业指导委员会5年制教学计划意见稿，以对学生专业知识结构、专业素质和职业能力培养质量的衡量为标准，建筑系修订了建筑学专业教学计划，全面开始评估筹备工作。

1997年，西南交通大学向全国高等学校建筑学专业评估委员会提交参加建筑学专业本科教育评估的申请报告。同年，申请报告获得批准。学校成立了建筑学专业教育评估领导小组和自评办公室，全面领导和开展建筑学专业本科教育评估工作。在建筑系开展自评报告撰写的过程，反复征求全系师生、学校各部门和教学督导委员会、兄弟院系和设计单位、顾问教授和兼职教授等外聘专家各方面的意见建议，经反复修改完善，完成了自评报告撰写，按时向全国高等学校建筑学专业评估委员会完成了提交。

1998年4月，全国高等学校建筑学专业评估委员会评估视察组莅临学校，开展评估视察。5月，经评估委员会全体会议表决，西南交通大学建筑学专业本科教育有条件通过评估，有效期4年，并须在2000年接受中期检查。

建筑学专业教育评估获得通过，是对1985年恢复建筑学专业招生以来办学成就的积极肯定，极大鼓舞了全系师生。同时，评估暴露出的薄弱环节，也进一步引起了学校和建筑系的重视，客观上起到了统一思想、明确发展奋斗方向的作用。

2000年5月，全国高等学校建筑学专业评估委员会专家再次莅校，对建筑学本科教育工作开展评估中期检查。视察专家充分肯定了两年来西南交通大学建筑学本科专业教育取得的进步，一致认为满足评估要求条件，同意西南交通大学继续获得评估通过资格。2002年5月，建筑学本科教育无条件通过全国建筑学本科专业教育评估，有效期4年。2004年6月，顺利通过建筑学硕士研究生教育评估，有效期4年。自此，西南交通大学在四川省率先成为具备了建筑学专业学士、硕士学位授予权的单位。直至2015年为止，也是四川省内唯一一所具备建筑学专业学位授予权的单位。

建筑学专业教育评估的开展，有力推动了建筑学科的改革发展，对师资队伍、教学环境、课程体系等各方面的建设，起到了直接的促进作用，加快了建筑学科的成长。建筑学专业教育评估，是西南交通大学参加的首项全国专业教育评估，为学校本科教育评估和各学科专业的评估、认证，积累了宝贵经验。在从建筑系到学校的各个层面上，切实起到了以评促建、以评促改的积极作用。

三位一体：完整覆盖广义建筑学领域的本科专业体系

20世纪90年代，我国城市化进程明显加速，社会对城市规划专业人才的需求非常迫切。1996年为适应社会发展需求，建筑系着手建立城市规划专业，学校报主管部门并获批准。同年，制定了城市规划专业教学计划。1997年，城市规划专业正式招生，学制为5年。

城市规划专业设立之初，围绕城市规划设计能力培养，以建筑学科教育为基础，以城市规划设计系列课程为主干线，城市规划基本理论和主要相关领域知识为重点开设课程，重视理论联系实际，保障了专业培养需要的基本知识构架和必要教育环节。

1999年，重点围绕培养目标，调整优化了教育体系，在专业限选课中明确学科基础类、工程技术类、人文社科经管类等知识板块和必选课内容，使专业培养体系条理清楚、知识板块结构合理，基本形成教学体系重点突出、专业教育内涵完整、重专业技能培养、重实践教学环节的人才教育培养体系。

2003年，紧跟城市规划学科发展和教育观念的更新，结合全国城市规划专业教育培养目标的基本要求，坚持"横向拓宽、纵向理顺、调整结构、优化内容"的原则修订教学计划，拓宽知识面，注重多学科知识的渗透；理顺各阶段的教学

城市规划专业97级合影

目标和教学环节，改善主干课体系；调整理论课程设置的结构，改进实践教学与理论教学间的关系，按学习应循序渐进的客观规律优化课程设置；结合专业教育发展的需要优化知识内容，城市规划本科教育进入了比较成熟的发展阶段。

在建筑学、城市规划专业建设达到较高水平的基础上，应对世纪之交快速推进的城乡建设，对景观规划设计专业技术人员越来越旺盛的需求，紧密跟踪国际学术动向，积极筹划建设景观专业。

2002年，西南交通大学开始招收建筑学专业（景观建筑学方向）本科生。2003年获教育部批准，设立全国首个目录外景观专业"景观建筑设计"。景观专业的教学体系设置，参照了《全国高等院校景观学专业本科教育培养目标和培养方案及主干课程基本要求》制订教学计划，学制采用与建筑学和城市规划同步的5年制。邱建教授等编著的《景观设计初步》被列入普通高等教育土建学科专业"十一五"规划教材、高校风景园林（景观学）专业规划推荐教材。

景观专业自筹备开始就积极引入国际资源，保证办学的前瞻性和开放性。2002年9月，加拿大曼尼托巴大学Rattray教授应邀到访建筑学院，举行了系列讲

"景观建筑学"专业专家评审会

景观专业2002级合影

座，为景观专业本科学生授课，并帮助完善景观专业教学计划和专业申报论证。
2004年12月，建设部人事教育司召开"全国高校景观学专业教学研讨会"，成立
以清华大学、北京大学、同济大学、西南交通大学、北京林业大学5所高校牵头
的全国景观学专业教学指导委员会筹备小组。

自2002年起，西南交通大学建筑教育的本科招生，达到每年级建筑学3个班、城市规划和景观建筑设计各1个班，全年级合计120～150人的办学规模。三个本科专业的人才培养，建立在建筑学学科的共同平台基础上。建筑学专业自1985年以来积累的丰富教学经验，建成的高质量的课程体系，保证了城市规划专业和景观建筑设计专业办学的高起点。

经教育部批准，在全国率先开设景观建筑设计专业，使得西南交通大学成为1997年国家取消风景园林专业之后，首先在本科教育层面对广义建筑学学科领域实现全覆盖的高校。

为满足地方经济建设的迫切需求，学校于2003年招收了成人教育建筑学专业专升本班。该班次于2003年9月开学，2005年5月毕业。

扩大范围：初步建成多专业硕士研究生培养体系

1996年，学校获准设置建筑设计及其理论专业硕士学位授权点，建筑系按照学校硕士研究生培养的总体要求，结合师资和学科发展的实际条件，制定了培养方案，并在实践中不断完善。其后几年，建筑学科研究生培养规模稳步扩大，培养水平不断提升。

为了进一步完善学科设置，全面加强研究生培养，建筑系在改善办学条件、夯实专业基础等方面做了大量的准备工作。特别是为了加强师资队伍建设，1998年，通过学校引进人才政策，赵洪宇教授和沈中伟副教授来校任教，成为建筑系第一批引进人才；2001年，邱建教授从海外学成归来。高层次领军人才的聚集，对学科发展起到了核心作用。

2000年，学校开始招收建筑与土木工程专业工程硕士。

2003年4月，教育部批准学校在土木工程一级学科下自主设置景观工程（2012年改称工程环境与景观）博士学位点和硕士学位点。2004年，景观工程博士学位点和硕士学位点同时开始招生。景观工程博士学位点的设立，一举实现了西南交通大学建筑教育从本科到博士全部培养层次的建立。

2003年12月，学校的建筑历史与理论、城市规划与设计硕士点获得批准，并于2004年开始招生。2005年，建筑技术科学硕士点获得批准，同年开始招生。自此，西南交通大学研究生教育建筑学一级学科下的4个硕士学位点设置完整，研究生导师队伍和招生规模进一步扩大。

2004年，西南交通大学顺利通过建筑学硕士研究生教育评估，标志着西南交通大学建筑学科研究生培养模式日臻成熟；同年，建筑设计及其理论硕士点被评为四川省重点学科，学科建设水平上了一个新的台阶，建筑学科统领下的多专业硕士研究生培养体系初步建成。

体系内各学位点培养方案的教育内容覆盖基础理论、科研方法、技术知识、设计实践等方面，突出培养过程中的科研实践环节，通过知识学习、参与设计实践和科学研究，使研究生具有较高的理论水平、系统的专业知识及较强的综合设计能力，同时综合素质得提高，能胜任社会对建设行业的现实及未来发展需求。培养体系强调在建筑学科统领下，各学位点协调发展，建筑设计及其理论与建筑历史与理论、城市规划与设计、建筑技术科学、景观工程等二级学科之间形成有力支撑，拓展研究生的学术视野，为研究生课程学习和课题研究提供了多元化的选择。

建筑学学科统领下的多专业硕士研究生培养体系，在课程设置、教学内容更新上保持开放性。紧扣社会发展和经济建设的现实需要，关注经济建设过程中需要解决的实际问题，积极开设反映学科发展方向的课程，并不断更新教学内容。同时通过举办各种报告讲座、专题研讨等培养方式广泛介绍本学科最新的前沿知识；引入竞赛作为设计课题，引导研究生了解最新学科动态和信息，以突出研究生培养的前瞻性。

值得铭记的是，恢复设置建筑系的首任系主任刘宝箴教授，在作为校研究生培养质量督察组成员参加校研究生院主持的建筑学院研究生教育工作检查会议中，突发疾病，抢救无效，于2004年4月23日上午11：30逝世，享年75岁。以刘宝箴先生为代表的老一辈教育工作者的无私奉献，为西南交通大学建筑教育打下了坚实基础，为后学树立了光辉的榜样。他们爱校如家的深厚感情、严谨执着的治学态度，是建筑学科发展壮大最为宝贵的精神财富。

转变机制：建筑系更名为建筑学院

从1999年开始，我国高等教育经历了连续的扩招阶段后，学校的办学规模不断扩大，原有的教学系逐步改制为学院。随着多专业办学体系的形成和招生规模

的增长，建筑系改制为建筑学院也
提上了议事日程。

2002年，学校研究决定，将
建筑系变更为建筑学院。4月5
日，学校下发"西南交通大学关
于成立西南交通大学建筑学院的
通知"（西交校人〔2002〕10号），
正式组建建筑学院领导班子，邱

建筑学院成立大会

建教授任院长，徐福娥任分党委书记。

建筑学院实行"院－所"两级管理体制，下设建筑设计第一研究所、建筑设
计第二研究所、建筑历史与理论研究所、建筑技术研究所、城市规划研究所、景
观研究所、建筑美术研究所7个教学机构，同时下辖建筑图书分馆、建筑物理实
验室、建筑摄影实验室、计算机室。后又先后增设了建筑造型实验室和创新教育
中心，逐步建立了城市规划景观建设设计研究院、建筑文化及传统建筑研究中
心、交通建筑与枢纽研究中心等研究设计机构。"院－所"为主干的学院组织架
构，定位于以科研和创作带动人才培养，对新的历史条件下人才培养、科学研
究、社会服务三大功能的协调发展机制，做出了积极的探索。

建筑系改制变更为建筑学院，带动了育人环境的优化。通过迎评建设，学院拓
展了办学空间、更新了部分仪器设备、建立了学术报告厅，更为频繁地组织各类学
术交流活动；新建了综合展厅，结合评估周期开展各专业教学过程展等各种专业展
览；改善了教学区公共空间，为师生熟悉本专业、增进交流，提供了很好的平台。

随着办学规模的扩大，2001年，建筑系首次配备了分管学生工作的专职副书
记，具有丰富学生工作经验的栗民同志调入建筑系担任党总支副书记。2002年建
筑学院成立后，学院设立学生工作组，增加了辅导员配置，加大了在党建和学生
工作领域的投入，学院各级党团、学生组织在全校各类学生活动中绽放异彩，有
力鼓舞了全体师生的奋发意气，进取多元的育人氛围愈加浓厚。

为进一步活跃办学氛围，并配合学校于2002年开始的郫县新校区（后正式命
名为西南交通大学犀浦校区）建设，建筑学院先后成功举办了"郫县新校区景观
桥梁设计大赛"、"我的交大我设计——新校区景观小品方案征集大赛"、"新世

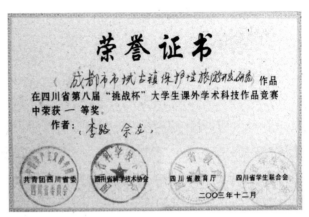

《步行街》首期封面　　　　　　　李路、佘龙获得全国大学生课外学术科技作品竞赛三等奖

纪第一步——毕业生赠送母校雕塑方案征集大赛"等一系列全校性学生设计竞赛，有力促进了师生跨学科交流。2002年6月，反映建筑学子学习生活点滴的学生刊物——《步行街》发刊。

学生成长也呈现出全面发展的可喜态势。2002年8月，在首届全国大学生建筑设计作业观摩与评选活动中，建筑学院有3件学生作业获得优秀作品奖；2004年8月，在第三届届全国大学生建筑设计作业观摩与评选活动中，建筑学院有6件学生作业获得优秀作品奖。同月，城市规划专业学生获得全国高校城市规划专业综合社会调查竞赛三等奖。2003年10月，建筑学院建筑设计及其理论专业硕士研究生李路、佘龙同学的参赛作品《成都市域古镇保护性旅游开发研究》，获得第八届"挑战杯"全国大学生课外学术科技作品竞赛三等奖。

2003年11月，建筑学院网站1.0版上线运行，开辟了学院宣传和信息工作的新局面。2004年，建筑学院网站2.0版、2.1版相继上线运行。优秀的界面设计和丰富的功能得到多方用户的充分可定，其中"A部落"博客功能领先主流门户网站博客5年以上。以上网站全部由建筑学院学生独立完成开发建设。

突出特色：设计创作与研究继续探索

随着办学规模的扩大和办学层次的提升，科学研究在学院工作中占据越来越重要的地位。越来越多的老师在积极从事设计创作的同时，把学术关注的重心转向科学研究。

以刘宝箴教授为首的建筑系的教师群体，在交通建筑领域开展了长期的实践和研究，形成了较为深厚的学术积累。进入新世纪，铁路建设不断提速，为交通建筑的研究提供了新的巨大舞台。建筑学院积极参与其中，参加了包括世界瞩目的青藏铁路工程拉萨站设计在内的一系列设计创作实践。沈中伟教授等一批优秀的中青年学者，开始成为交通建筑领域科学研究的主力。世纪之交，交通建筑研究的传承和创新，为此后建筑学院交通建筑及其规划与景观领域重大的科研突破奠定了重要的基础。

从20世纪80年代开始，季富政教授就一直关注乡土建筑和遗产保护，在这一领域进行了长期的跟踪调查，特别是针对巴蜀地区的古典场镇和羌族传统建筑开展了深入的研究。2000年4月，季富政教授的专著《巴蜀城镇与民居》出版，成为研究西南地区乡土建筑的重要学术资料。

同年，由季富政教授主持的国家自然科学基金项目《三峡库区古镇形态研究及利用》（批准号：59978042）获得立项，实现了我校建筑学科国家自然科学基金项目零的突破。在三峡工程蓄水背景下，为尽可能地保留长江三峡的历史景观，国家有关部门当时正在制定并实施一系列加强三峡地区历史文物和古迹的保护与抢救的措施，其中包括对部分古镇进行搬迁复建。古镇搬迁以后，如何避免丧失原有的民风民俗，并实现搬迁城镇的可持续发展，是该项目的主要研究内容。

随着景观专业本科–硕士–博士培养体系的建立，这一阶段，建筑学院师生也在小城镇和风景名胜区景观、交通景观、景观专业教育等领域积极开展研究。这些研究成为日后建筑学科特色科研领域的有机组成部分。

建筑学科注重实践的特点，决定了设计创作实践平台是一个重要的办学条件。西南交通大学建筑勘察设计研究院始建于1952年，其前身是唐山铁道学院勘察设计队。因为历史的原因，一直由土木工程学院主管。为了更加便于建筑学科师生参与建筑、规划和景观的设计创作，2001年4月10日，学校下发了《西南交通大学关于同意建筑系成立建筑与环境设计研究所（西南交通大学建筑勘察设计研究院建筑分院）的通知》（西交校人〔2000〕6号），新成立的设计平台由建筑系主管，对外亦采用"成都西南交大城市规划景观建筑设计院"的名称。新建立的设计平台对师生的设计创作起到了积极的促进作用。这一阶段，建筑学院先后在以下大型公共项目投标中取得好成绩：

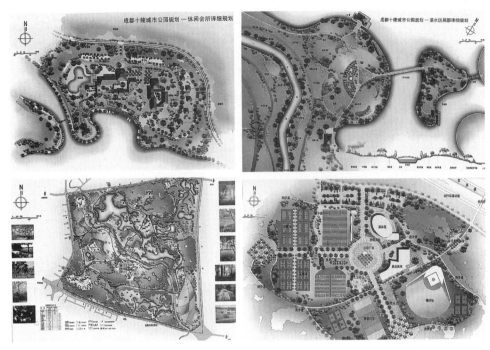

成都市东部新区起步区十陵景区总体规划

2002年5月，峨眉山旅游通道综合整治规划，全国招标第一名；2003年4月，成都南部副中心公共绿化及开敞空间景观设计，国际招标第一名；2003年12月，成都金沙片区特别地区保护规划，全国投标第一名；2004年7月，成都市东部新区起步区十陵景区总体规划，国际招标第一名；2004年10月，成都市古蜀金沙片区公共开放空间景观方案设计，投标第一名。

设立由建筑学院主管的设计平台，体现了学校对建筑学科发展的高度重视，在当时的历史条件下，对建筑学院的建设发展发挥了积极的作用。随着国家政策调整，高校严格实行校企分离，院系不再设有经营性机构。2013年，西南交通大学建筑勘察设计研究院改制为成都西南交通大学设计研究院有限公司，并组建专业对口的分公司，继续为建筑与设计学科提供创作平台支持。

开放奉献：积极推动学术交流和社会服务

建筑学科统领下的多专业办学体系，鼓励在建筑学的共同平台上，开展形式

峨眉山金顶片区景观规划设计

多样的学术交流。随着世纪之交，高水平专业人才的引进和在国外留学的一批教师返校任教，建筑学院在师资队伍得以增强的同时，学术交流、特别是国际学术交流也日益频繁丰富。建筑系更名建筑学院后，积极主办、承办了一系列学术活动，主要包括：

2003年10月，学院成功举行莫斯科建筑学院学生作品展；

2004年8月，全国高等学校建筑学专业指导委员会委员工作会议暨第三届全国大学生建筑设计作业观摩与评选活动、全国高等学校建筑学专业院长（系主任）大会先后在西南交通大学成功举办；

2004年3月，由加拿大政府出资，加拿大曼尼托巴大学建筑学院、重庆大学建筑城规学院、西南交通大学建筑学院联合主办的"三峡城乡迁建国家学术研讨会"在成都成功举行；

2004年6月，全国高等学校建筑学专业教育评估委员会在西南交通大学召开2004年专业评估总结会。

上述学术活动的开展，产生了积极而重大的学术影响，有力促进了建筑学院师生与全国同行的交流，也增进了建筑学院和兄弟院系之间的相互了解，西南交通大学建筑学院开始走向全国建筑学科学术舞台的中心。在学术活动组织的过程中，各专业带头人和中青年骨干教师广泛参与交流，一批青年教师得到了丰富的锻炼，为下阶段建筑学院的学术繁荣埋下了种子。

自2002年起，建筑学院承担了对口支援西藏大学工学院建立建筑学专业的任务。在自身师资依然紧张的情况下，每学年派驻教师完成教学任务，并为西藏大学持续培养师资，为我国民族教育事业做出了积极贡献。2002～2004年期间，先后由熊瑛、王俊、王立品几位老师带队，到西藏大学执教。援藏的教师，克服海拔、气候等不适应因素，同时承担多门理论课和设计课的教学工作。经过几年持续的支援建设，实现了西藏地区城市建筑教育零的突破。西藏大学建筑学专业实现了从无到有，教学工作逐渐走上正轨。由西南交通大学建筑学院为其培养的师资中，开始有学生完成学业返藏任教，也推动了藏大建筑教育水平的不断提高。

2002～2005年期间，受四川省建设厅委托，建筑学院承担了四川省一级注册

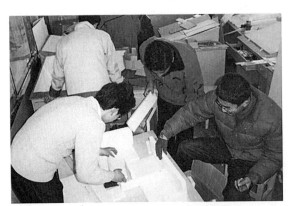

建筑学院教师援藏留影

建筑师考试和培训工作。作为服务地方经济建设的一件大事，建筑学院精心组织，安排高水平师资授课，做好考场、考务服务。几年中，参加培训和考试的人员已超过3000人次，有力服务了地方经济建设，也拓展了学院的社会影响。

建筑学院还将积极响应国家号召，派出优秀专业技术人员赴地方挂职锻炼。2003年学院派出何晓川老师赴四川仪陇县担任科技副县长。同年，建筑学院院长邱建教授受学校委派，赴上海静安区挂职，担任南京西路街道办事处副主任、城市规划管理局副局长等职，2005年调四川省建设厅任总规划师，发挥学术专长，服务社会经济发展，产生了非常积极而广泛的影响。

邱建院长离校期间，院领导班子密切配合，成功完成了各项大型学术活动和学院重点工作的组织工作，学院整体运行能力得到持续提升，各项工作高水平开展，为建筑学科的进一步繁荣发展，打下了坚实基础。

以学科建设为中心的办学水平跨越式提升登峰阶段（2005～2015年）

2005年至今，是西南交通大学建筑教育实现办学水平跨越式提升的登峰阶段。全面建成了建筑学、城乡规划学、风景园林学三个一级学科的本科和硕士研究生培养体系，各学科教育水平均迈上新的台阶，学科综合排名稳步提升，建成了建筑学一级学科博士点，学科建设达到国内一流水平。

十年中，学校亲历了"5·12"汶川特大地震和雅安芦山地震，建筑学院全力投身抗震救灾和灾后重建，做出了突出的贡献，也成为西部地区灾后重建学术研究的中心之一。依托学校轨道交通的学科优势，建筑学院积极参与高速铁路建设，在交通建筑及其规划与景观研究领域，产生了显著的社会影响。以大批国家自然科学基金项目为代表的科学研究，整体水平已达到国内建筑院校的领先水平。师资队伍的规模和结构都实现了根本性变化，国际化水平大幅度提高。党建与学生工作、信息化、学院文化建设开辟了崭新的局面，育人环境显著改善。

2015年，学校调整学科设置，改革并重新组建了建筑与设计学院，西南交通大学的建筑与设计教育携手，将进一步筑实基础，向着新的高度登峰前行。

转变思路：聚焦学科建设，排位稳步提升

在建筑学科统领下的多专业办学体系日臻成熟的基础上，建筑学院进入了以学科建设为核心的全面跨越提升发展阶段。

学院领导班子团结带领全院教师，经过广泛调研和深入分析，清醒地认识到，学科建设是学院建设发展的灵魂与核心，提出"学术强院"的办学理念，积极转变思路，紧抓学科方向建设、学科队伍建设、科学研究与学术成果建设、学科基地建设和人才培养体系建设，实现了整体办学水平上台阶，学科综合实力跨越式的发展。

在已全面实现建筑学一级学科下各二级学科完整覆盖的基础上，2010年，西南交通大学取得建筑学一级学科设置。2011年，伴随国家对建筑类学科进行的学科调整，西南交通大学同时获得建筑学、城乡规划学、风景园林学三个一级学科，并拥有这三个一级学科硕士授予权。景观工程二级学科博士点的建设也得到进一步增强，导师队伍和招生规模取得了较大增长，2012年改称工程环境与景观。

2005年，为推动学校多学科发展，以建筑学院为主体，以旅游学院为办学实施单位，申报设立了园林植物与观赏园艺二级学科硕士点。2008年，学校学科调整，撤销旅游学院，将园林植物与观赏园艺二级学科硕士点，以及与之关联的森林资源保护与游憩本科专业调整进入建筑学院。建筑学院圆满完成了森林资源保护与游憩本科专业在校三个年级（2005～2007级）的培养任务，该专业于2008年停止招生。2011年风景园林一级学科硕士点开始招生后，景观工程、园林植物与观赏园艺二级学科硕士点不再继续招生。

伴随学科建设与调整的步伐，2013年起，建筑学院逐步将原有的"院-所"两级管理机制改变为更符合学术运行的"院-系"两级管理机制，调整原各专业所为学科系，明确各系与对应一级学科的建设责任关系。至2015年，风景园林系、城乡规划系和建筑学系均完成了调整设置。

2015年，学校再度开展学科优化与调整，原隶属艺术与传播学院（同年撤销）的设计学和美术学两个一级学科，以及工业设计与工程二级学科博士点，调整进入改革重组的建筑与设计学院。

至2016年，西南交通大学建筑与设计教育涵盖建筑学、城乡规划学、风景园

林学、设计学、美术学五个国家一级学科，建筑与设计学院设有建筑学、城乡规划、风景园林、环境设计、视觉传达设计、产品设计、绘画七个本科专业；设有建筑学、城乡规划学、风景园林学、设计学四个一级学科硕士点，同时拥有建筑学学士、硕士，城市规划学硕士，风景园林学硕士、艺术学硕士建筑与土木工程硕士等一批专业学位授予权；设有建筑学一级学科博士点，以及工程环境与景观、工业设计与工程两个二级学科博士点；并建有四川省博士后科研实践基地，组成了完整的学科结构体系。

在2012年和2014年两次由教育部学位中心组织的全国学科评估中，西南交通大学建筑学一级学科排名均居全国16位。2015年，在武汉大学中国科学评价研究中心开展的中国大学专业竞争力排名中，西南交通大学建筑类专业竞争力位居全国第6位，建筑学科初步达到国内先进水平。城乡规划学、风景园林学等学科的学科排名、专业排名也居于全国上游，并呈稳步提升的态势。

打造团队：师资队伍建设水平得到全面增强

2005~2016年期间，建筑学院师资队伍建设实现了跨越式发展，教师队伍规模显著扩大，职称和学历构成水平显著提升，学缘结构更加多样化。依靠学校大力引进人才的机制，建筑学院积极通过招聘和人才引进的方式，有力地推进了师资队伍建设。

十年期间，新增师资来源于四个方面：从美国、日本、英国、加拿大、澳大利亚等国学成归国、具有博士学位的高层次专业技术人才；全国建筑规划领域的知名高等学府分配或调入的博士、硕士师资；部分从设计机构调入、具有丰富实践经验的执业建筑师和规划师；通过"千人计划"、外聘教师项目等特聘的，来自日本、乌克兰、加拿大、美国等国的外籍教师。

教师除了通过在教学、设计实践及承担科研项目等工作岗位上锻炼提高以外，还有计划地通过各种形式进修学习，深造提高。在此期间，先后有教师32人在职攻读博士学位；6人出国攻读学位，或到美国康奈尔大学、英国卡迪夫大学等著名高校开展访问学者研究；15人先后赴加拿大卡尔加里大学、加拿大阿尔博塔大学、美国俄克拉何马州立大学、美国乔治梅森大学进行双语教学、师资培训等。教师出国进行短期高端访学、学术交流、国际会议等近百人次。

至2014年，建筑类三个一级学科教师具有博士学位和在职攻读博士学位的比例已经超过50%，高级职称比例超过50%，平均年龄40.1岁，形成了一支充满朝气也不乏底蕴，基础深厚、发展空间巨大的强有力的师资队伍。2015年12月，学院成立了青年学术委员会，定位为前沿性、开放性、公益性的学术组织，进一步激发了青年教师的学术活力，促进青年教师走学术强院之路。2015年，1名青年教师入选四川省"千人计划"，2名青年教师入选西南交通大学首批"雏鹰学者"。

2005年，沈中伟教授当选全国高等学校建筑学科专业指导委员会委员，邱建教授当选全国高等学校城市规划专业指导委员会委员（后由毕凌岚教授接任）。2009年，沈中伟教授当选全国高等学校建筑学专业教育评估委员会委员，同时担任中国建筑学会理事和中国建筑学会建筑教育评估分会理事。由学校专任教师出任"专指委"、"评估委"委员以及其他国家及学术组织职务，体现了建筑界、教育界对西南交通大学建筑类学科的认可，也为我国建筑学、城乡规划学学科的建设发展，发挥了非常积极的社会影响。同时，建筑学院专任教师中还有一级注册建筑师13人，注册规划师10人，注册设备工程师1人，师资队伍发挥行业影响，积极服务社会的能力进一步提高。

2012年9月，根据四川省国家外专局文件通知（川外专发〔2012〕31号），建筑学院邀请谷口元教授来校任教获得国家外国专家局2012年度"高端外国专家项目"支持。此项目是国家外国专家局为落实中央人才战略，配合"外专千人计划"实施，加快引进高层次外国专家人才而设立的。谷口先生是日本名古屋大学教授、兼任校长助理，同时他还担任日本建筑师学会东海支会会长。谷口先生积极参与了大量具有学术见地的建筑设计与科研教学实践工作，其中包括公立市民医院总体策划、集合住宅社区建设总体开发项目等，其研究和设计探索受到了业界的普遍赞同。能够获此项目，也体现了建筑学院在人才引进方面取得的巨大进步。谷口先生自2012年10月起在来校参与学院科研、教学和学科建设等工作，发挥了高端专家的领军带头作用。

2005年以来，学院聘请了何镜堂、吴硕贤、刘加平、王建国四位院士为名誉教授，聘请了秦佑国、鲍家声等一批知名学者为顾问教授和兼职教授。

师资队伍的壮大和进步，推动了学术团队的建设。以"交通建筑及其规划与景观"、"高海拔多民族地区地域建筑与文化"、"成都平原可持续人居环境"三个跨学科的团队为代表的学术团队快速成长，承担了一系列重大课题和国家级项目，形成了特色鲜明的研究领域，成为科学研究的主力。

科研跨越：影响巨大，积累丰富，达到国内先进水平

2005年以来，建筑学院坚持以学科建设为中心，全力加强师资队伍建设，经过数年坚持不懈的努力，学院的学术基础被进一步夯实，"学术强院"的指导思想被师生广泛接受，科学研究驶入了发展的快车道。

重点研究方向学术团队的建立有力地集中了学院的科研力量，带动和吸引了青年教师和学生积极投身学术研究，取得了显著的研究成果，为人才培养创造了良好的学术平台。至2015年，团队成员科研成果已超过学院科研成果的80%，学术团队已经成为学术研究和创新型人才培养的主要平台。

交通建筑及其规划与景观校级学术团队，是建筑学院以学科建设中心目标，整合师资力量，率先组建的骨干学术研究团队。该团队在学术带头人沈中伟教授带领下，开拓了交通建筑与规划、景观研究的全新领域，极大拓展了交通建筑的内涵，为西南交通大学建筑学科这一传统研究领域注入了新的活力。该团队紧紧抓住高速铁路大发展的重大历史机遇，从成立至2016年，完成了国家自然科学基金项目"城市交通综合体空间绩效评价研究"、"城市交通综合体安全评价体系研究"和铁道部科技项目重点项目"京沪高速铁路综合景观设计研究"、"铁路大型客站后评价体系研究"等一批代表性的科研项目。"高速铁路综合景观设计研究"课题获中国铁道学会2013年度科学技术奖。西南交通大学建筑学院由此再次走在全国建筑院校交通建筑研究领域的前沿。

建筑学院其他各学术团队，也分别完成了以国家科技支撑计划项目"成都平原城乡用地协调调控系统开发与示范"等为代表的一批重大科研项目。2012年，"适应成都气候的地源热泵关键技术与配套产品研究"项目获得四川省科技成果三等奖。

学科导向和团队建设的扎实积累，带来了2010年以来，科学研究的"井喷

丽江火车站设计

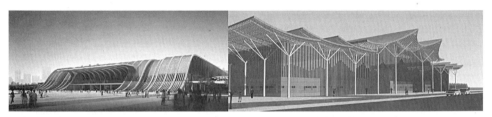

成都东站客运枢纽　　　　　　　峨眉山市长途汽车客运中心

峨眉山铁路客运枢纽

式"跨越发展。2010～2015年，建筑学院共取得国家自然科学基金20项，国家社会科学基金1项，教育部人文社科基金3项，国家科技计划项目1项，国家科技支撑计划项目3项，铁道部科技计划重大项目2项，四川省科技计划项目、四川省科技厅项目、四川省哲学社会科学重点研究基地项目22项，教育部中央高校基本科研业务费项目60余项。研究经费合同金额超过5000余万元，其中纵向课题经费2100余万元。建筑学院的科学研究达到国内建筑院校先进水平。

2005～2015年期间，建筑学院公开发表学术论文近千篇，部分论文被SCI、EI等主流检索系统检索和收录；学院共出版了《中国当代铁路客站设计理论探索》等学术专著、编著、译著44部，学术影响力显著提升。

以高水平科学研究为依托，2005年以来，建筑学院教师的设计创作更多地结合学术团队的研究领域，服务国民经济与社会发展的热点与重点领域，开展研究性设计，获得了社会的积极认可：交通建筑及其规划与景观团队主持完成的铁路枢纽新成都站设计，2008年获铁道部铁路枢纽新成都站设计国际竞赛并列第一名；云南省重点建设工程项目大丽铁路新丽江站，作为第一名中标方案，于2011年8月建成投入使用。王蔚教授主持设计的成都草堂小学翠微校区设计，获得2008年第五届中国建筑学会建筑创作奖佳作奖。崔珩教授、赵炜教授等主持的都江堰灾后重建概念规划，2008年获都江堰灾后重建概念规划国际竞赛荣誉奖。2005～2015年期间，建筑学院教师结合学术研究，积极为西部地区，特别是四川和西藏欠发达地区的发展，提供了相当数量的高质量设计服务，经常在各类投标和竞赛中取得好成绩，一批设计项目获得省部级优秀建筑、规划设计奖。

在犀浦校区建设过程中，建筑学院再次责无旁贷地担负起了大量设计任务，

西南交通大学犀浦校区4号教学楼、8号教学楼

主持设计了学生艺术中心、行政综合大楼和多幢教学楼的方案设计，其中8号教学楼、4号教学楼、9号教学楼已相继建成。

建筑登峰：以建筑学专业为龙头的人才培养体系建设成效显著

2005年，为更好地满足地方经济建设对高水平城乡建设人才的需求，四川省人事厅在西南交通大学建筑学院设立了博士后科研工作站。2009年，该工作站更名为四川省博士后科研实践基地。建筑学院建成了覆盖从本科至博士后的各个培养层面的人才培养体系。

2006年和2010年，建筑学专业本科教育评估均分别获顺利通过；2008年和2010年，建筑学硕士学位研究生教育评估也分别获得圆满通过。2014年，建筑学院申请参加建筑学专业本科、研究生教育评估均获得双优通过，西南交通大学成为全国仅有的16所本、硕双双通过7年有效期评估的院校之一。

2006年，城市规划专业首次参加全国城市规划专业本科教育评估，获得顺利通过。2010年，城市规划专业在本科教育评估取得优秀通过，有效期6年。各专业在国家专业评估中的高质量通过，说明西南交通大学建筑教育已经进入全国先进行列。

2010年，经教育部批准，学校获得风景园林硕士专业学位授权点。2014年，西南交通大学城市规划专业硕士研究生教育评估顺利通过，获得城市规划硕士专业学位授予权。至此，建筑学院建立了完整的建筑学硕士、城市规划硕士、风景园林硕士专业学位研究生教育体系。2015年，风景园林硕士专业学位研究生教育顺利通过全国首轮培养体系完备性专项调研。

2007年，建筑学专业被评为四川省特色专业。2009年，建筑学专业也成为学校首批7个国家级特色专业之一。2010年，国家开始实施"卓越工程师教育培养计划"（简称"卓越计划"），是贯彻落实《国家中长期教育改革和发展规划纲要（2010–2020年）》和《国家中长期人才发展规划纲要（2010–2020年）》的重大改革项目，也是促进我国由工程教育大国迈向工程教育强国的重大举措，旨在培养造就一大批创新能力强、适应经济社会发展需要的高质量各类型工程技术人才，为国家走新型工业化发展道路、建设创新型国家和人才强国战略服务，对促进高等教育面向社会需求培

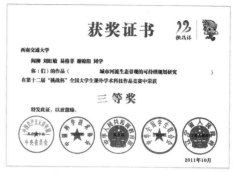

冯月、阎柳等同学获"挑战杯"全国大学生课外学术科技作品竞赛奖励

养人才，全面提高工程教育人才培养质量具有十分重要的示范和引导作用。西南交通大学建筑学专业成为全国首批"卓越计划"培养专业之一。

建筑学专业教育水平登峰，是学科建设取得巨大进展的直接展现，使得建筑学专业更好地在多学科、多层次的人才培养体系中发挥龙头作用，为各学科、专业的人才培养搭建了基础深厚的共同平台。2005年以来，各专业本科生、研究生在国际性、全国性的各类设计竞赛、作业交流和科创竞赛等活动中，获奖数量不断提升，累计达150余项。2005年，建筑设计及其理论专业02级硕士研究生冯月的作品《成都市无障碍环境调查研究》，获第九届"挑战杯"全国大学生课外学术科技作品竞赛二等奖，这也是我校在该赛事中取得的最好成绩。2011年，建筑学08级本科生阎柳等同学的参赛作品《城市河流生态景观的可持续规划研究——以成都府南河为例》，获第十二届"挑战杯"全国大学生课外学术科技作品竞赛三等奖。

交流活跃：高频率、高层次的学术活动搭建高水平交流平台

2005年以来，为营造良好的学术氛围、扩大学术影响，建筑学院积极举办学术会议，曾先后成功主办或承办了2006年首届西南地区乡土建筑研讨会、2007年全国建筑环境与节能学术会议、2008年全国建筑学专业硕士研究生教育研讨会、中国建筑学会建筑师分会建筑学组四届三次学术年会暨教育建筑灾后重建学术研讨会、2009年"灾后景观恢复与重建"中法景观国际论坛、2011年中日美"可持续建成环境"国际论坛、2011年成都双年展·国际建筑展"田园/城市/建筑——'兴城杯'高

校学生设计国际竞赛"、2012年第四届中华创新与创业论坛"天府新区绿色建筑和宜居环境"分论坛、2013年第十二届全国高等院校建筑与环境设计专业美术教学研讨会、2013年第一届西南地区建筑类院校教育联盟年会、2014年"WACA·十年：世界华人理想家园"世界华人建筑师协会年会、2015年中国国家自然科学基金委员会与英国工程与自然科学研究理事会"低碳城市"领域双边研讨会、2015年全国高等学校城乡规划学科专业指导委员会年会（全国城乡规划教育年会）、文化遗产与灾害对策国际学术论坛等一系列大型学术交流活动，为师生搭建了广阔的交流平台。

建筑学院保持与中国建筑学会、中国城市规划学会、中国风景园林学会、全国高等学校建筑学学科专业指导委员会、全国高等学校城乡规划学科专业指导委员会、全国高等学校风景园林学科专业指导委员会、全国风景园林硕士专业学位教育指导委员会四川省建筑师学会、四川省建设厅、成都市规划局、成都市园林局等行业机构和单位的密切联系，联合举办各类学术活动，并邀请何镜堂、吴硕贤、刘加平、王建国、秦佑国、鲍家声、保罗·安德鲁、Catherine Grout等专家

学术交流活动丰富而活跃

第一届"中国西南地区建筑教育联盟"年会

沈中伟教授在中国铁路客站技术国际交流会上作主题发言

先后来院开展专题学术讲座。

2005～2015年期间，学院累计进行专题学术报告近230场。丰富的学术活动使师生接触到学科前沿的信息，了解到相关领域研究的现状和未来，受到了学校师生和本地区建筑院校和设计单位的认同和欢迎。

2012年6月22日，"中国西南地区建筑教育联盟"筹备大会在重庆大学建筑城规学院召开，联盟发起单位包括重庆大学、西南交通大学、昆明理工大学、四川大学、西南大学、中国人民解放军后勤工程学院、四川美术学院、西南林业大学、贵州大学、西藏大学、西南民族大学等11所西南地区高校的建筑院系。2013年，该联盟第一届年会即在西南交通大学举办；以联盟为平台，西南交通大学建筑教育为西部地区建筑教育的发展做出了积极的贡献。

2005～2015年期间，建筑学院师生广泛参与国际、国内各类学术会议，发表会议论文近200篇，30余人次应邀在重要学术会议做主题发言，40余人次教师和研究生出境参加国际学术会议及各类学术交流活动。

走向世界：国际化建设深度与广度实现巨大跨越

2005年以来，建筑学院先后与加拿大、奥地利、德国、荷兰、日本、法国、美国、英国、意大利等国家以及我国台湾、香港地区等十余所高校和设计机构，建立了密切的师生互访、学术交流和学生短期交换学习机制。先后聘请了加拿大、日本、乌克兰、美国等外籍教师来院任教，接受来自美国、法国、越南、巴

王顺洪书记与来校参与大学生国际艺术节的
俄克拉何马州立大学教师合影

正在上设计课的美国俄克拉何马州立大学交
换生

基斯坦、苏丹、埃塞俄比亚等欧、美、亚、非四大洲的国家以及我国台湾、香港地区的留学生和交换生来校学习，国际化水平不断提升。每年举办的国际建筑文化节和国际暑期学校项目已成为师生广泛参与的国际化品牌活动。

2007年以来，建筑学院先后与包括美国纽约州立大学、美国俄克拉何马州立大学、香港城市大学、台北正修科技大学、台北科技大学、台湾义守大学等学校开展为期一学期的交换生项目。2012年和2013年，建筑学院与俄克拉何马州立大学分别联合制定了风景园林专业、建筑学专业"2+3"联合培养方案，多批"2+3"联合培养学生已赴美就读。

2008年，建筑学院成功承办"重建精神家园——汶川大地震都江堰纪念馆设计"国际设计竞赛，吸引了来自中国、美国、日本、印度等近20个国家与地区的千余件学生设计作品，给师生创造了学习交流的良好机会。

日常教学当中，与国外师生开展联合研究或Studio短期联合教学活动成为常态。如2008年7月与日本东京大学、庆应义塾大学师生共同完成的都江堰市灾后重建可持续规划研究，2010年8月与荷兰代尔夫特大学师生合作完成"都江堰某灾后重建城市设计"，2011年9月与德国埃尔福特大学师生合作完成"九里校区地段联合设计"，2012年5月与德国柏林工业大学Raoul Bunschoten教授及其随行16名学生共同完成的"成都五环：低碳城市孵化器"联合Workshop，2013年与美国俄克拉何马州立大学师生在美国完成的"俄克拉何马州立大学植物园低影响开发规划设计"，2014年与罗马大学师生合作完成的"罗马研究学院设计"等，都取得了良好的反响。

自2013年开始，中国建筑学会开始举办"中国建筑院校学生境外交流作业

"中国建筑院校学生境外交流作业展"获奖作业

建筑学院暑期学校海外游学项目剪影

徐飞校长（右3）会见建筑学院海外院长沈青教授

建筑与设计学院网站首页、微信公众号

展"，建筑学院师生每年都荣获多项优秀作业奖。

　　建筑学院自2012年开始举办国际暑期学校，与美国俄克拉何马州立大学，意大利罗马建筑学会及罗马大学、那不勒斯大学，日本建筑学会及名古屋大学、立命馆大学、兵库县国际交流协会等单位，共同组织了赴美国、意大利和日本的暑期学校项目，至2015年，已有百余名师生参与，圆满完成了国际联合课程设计、跨文化交流，以及著名建筑、人文与自然景观考察等各类学习内容，收到了很好的成效。

　　2014年7月，建筑学院成功邀请沈青教授作为学院的海外院长。沈青教授是美国华盛顿大学城市规划系教授，也是我校客座教授，分别于1982年、1986年和1993年在中国浙江大学、加拿大不列颠哥伦比亚大学和美国加州大学伯克利分校取得建筑学学士、城市规划硕士和城市与区域规划博士学位，曾担任美国麻省理工学院副教授，美国马里兰大学教授、建筑与规划学院副院长，现任美国华盛顿大学城市设计与规划系主任。沈青教授兼任美国规划协会会刊*Journal of the American Planning Association*编委会委员，美国规划院系协会会刊*Journal of Planning Education and Research*编委会委员，《国际城市规划》期刊编委会委员，澳大利亚住房与城市研究院（Australian Housing and Urban Research Institute，简称AHURI）国际专家评审组成员，美国交通研究会远程通信和出行行为委员会委员，国际中国规划学会副理事长等职。

　　沈青教授的国际资源和网络，给学院在人才和国际化等主要方面带来有力的支撑，尤其是能够进一步推动建筑学院的高端人才引进，并促进提升学院在国际学术领域的影响力。

2005～2015年期间，学院信息化建设也迈上了新台阶。期间，学院网站分别在2007年、2011年和2015年三次全面改版，英文版网站于2013年上线，网站功能和信息量不断丰富，受到社会各界，特别是学生和家长的高度评价。2015年建筑学院新媒体正式上线，关注度迅速提升，已经成为师生和社会各界人士了解学院动态、支持学院发展的新的有力平台。

平台突破：成功设立四川省工程实验室

在学科建设的牵引下，2005年以来，建筑学院积极整合资源，优化研究方向，致力于高水平的学科平台建设。学院先后开展了西南交通大学"323工程"实验室建设、创新中心二期建设等工作，以交通建筑及其规划与景观、成都平原可持续人居环境等学术团队为骨干，申报建设多类型、高层次的学科平台。

2012年5月17日，工程设计软件业的著名企业欧特克软件（中国）有限公司（Autodesk）与建筑学院在西南交通大学犀浦校区建筑馆签署了合作备忘录。双方拟议建立更紧密的合作关系，在西南交大建筑学院建设Autodesk设计与创新软件教学中心和示范实验室，共同推动先进的数字化建筑设计技术发展以及建筑信息模型（BIM）在教育领域的发展应用。

在国际社会越来越重视人口健康和环境保护的大背景下，与节能环保密切相关的人居环境控制和能源高效利用相关产业保持了持续较快增长，融合了新能源、新材料、新技术和新设计理念的绿色建筑和人居环境控制装备不断涌现，产品规模不断扩大。建筑学院经过充分论证和长期准备，确定以绿色人居环境和建筑节能为主要方向，积极申报建设省部级实验室。2014～2015年，由学校统筹组织，建筑学院、材料学院、机械学院、交大硅谷科技协同申报了绿色人居环境控制与建筑节能四川省工程实验室，并于2015年正式获得四川省批准设立。

绿色人居环境控制与建筑节能四川省工程实验室，旨在充分发挥重点高校的学科特色和优势企业的综合优势，落实四川省府相关政策精神，通过建立工程化技术创新平台，探索围绕"产学研用"创新链体制和成果转化生态机制建立，突破产业发展的瓶颈制约，推动四川省绿色人居环境控制装备和绿色环保建筑产业的可持续和创新发展。以突破两个方面的关键核心技术为主要任务：一是基于自适应的多功能绿色人居环境控制设备与工程化集成技术；二是基于可再生能源及其高效利用的工程化关键技术。该实验室的建设，将通过整合学校学科和人才资源，集成企业的技术和产业优势，建设工程化技术创新平台，转化一批高新技术，形成一批新的知识产权，为企业、高校以及社会凝聚和培养一批高技术人才。通过与国内外技术和产业优势单位的进一步合作，充实"产、学、研、用"一体化创新平台，引领绿色健康人居环境技术发展，促进"健康住宅"产业链的培育和形成，推动以房产开发为中轴的上下游产业融合，形成绿色人居环境和低碳节能建筑的工程示范。

实现省部级实验室建设的突破，是建筑学科建设发展的重要里程碑，标志着以学科建设为中心的整体办学水平的再次跨越提升。

勇担责任：为灾后重建做出突出贡献

2008年"5·12"汶川大地震给震区造成了巨大的破坏，给灾区人民带来了巨大的痛苦，也给地处震区的西南交通大学及建筑学院全体师生带来了非常沉重的影响。

大地震发生后数日内，学校领导立即率队拜会了成都市长葛红林同志，主动请战灾后恢复与重建。建筑学院在全力做好学生安置的同时，迅即投入到了这场波澜壮阔的事业中去，重点就都江堰震后规划、彭州市重点灾区区域规划的调整、安置点的规划及农房恢复重建、有关灾后重建的学术研究等方面开展工作，并积极与四川省建设厅、成都市建委、成都市规划局，以及广元市、彭州市等地各级政府进行对接研究，各类型的规划设计和研究任务随着重建工作的推进不断进行，而每一项工作的进行又伴随着一次又一次的余震。在国内外同仁的热情支持下，学院广泛开展震后重建的学术研究，并直接投身到灾后重建的规划与设计，取得了广泛而积极的社会意义。

作为离震中最近、受地震影响最大的建筑学科人才培养与科学研究基地，西南交通大学建筑学院竭尽所能，安排与组织了大量灾后重建的学术活动及研究工

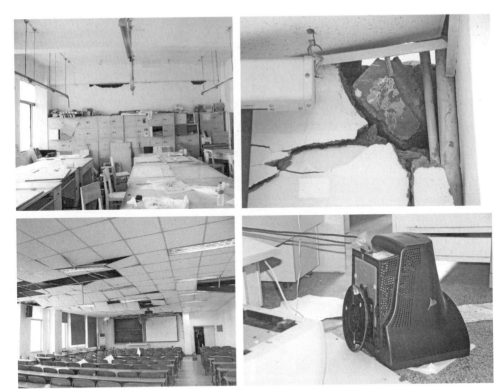

建筑学院在"5·12"汶川大地震中遭受破坏的情形

时任教育部副部长、党组副书记的袁贵仁同志到建筑学院学生临时安置点慰问师生

作。频繁的学术活动，为国内外学者搭起了承担重建责任的平台，疏通了国内外高校、学术界与灾区联系的桥梁。

在学校领导及众多师生的共同努力下，建筑学院先后举办了多种灾后重建活动：与DOMUS杂志（中文版）联合发起"关注汶川大地震特别行动"系列活动，这是中国建筑界发起的第一次关注灾后重建的学术活动；联合《时代建筑》等若

灾后重建系列学术活动

干专业杂志媒体，召开以"灾后重建的建筑行动"为主题的学术会议；与《新建筑》杂志联合举办"家园重建"全国设计竞赛活动，收到来自十余个国家及地区的作品，取得了显著的社会效果；承办由全国高等学校建筑学学科专业指导委员会主办的"重建精神家园——汶川大地震都江堰纪念馆设计"竞赛活动，收到来自全国各高校近千件作品，其规模创造了全国之最；举办日本、国内建筑师的重建系列主题讲座；组织华林小学、交大试验性纸管房搭建活动；组织专业人员支援攀枝花灾区活动；承办由中国建筑学会建筑师分会教育建筑学组主办的"教育建筑灾后重建学术研讨会"；联合东京大学、庆应义塾大学等进行都江堰灾后重建概念规划、龙门山镇重建规划等十多项城乡规划活动；主持都江堰向峨乡大石包安置点、彭州市磁峰镇鹿坪村安置点等多项设计活动；举办"建筑重生、记忆城市——中日建筑设计高峰交流会"活动；举办"中法灾后景观恢复与重建论坛"等等。这一系列的专业活动引起了社会的广泛关注，是灾后重建中建筑学院发挥优势、扬己所长的积极行动。

　　为研究向灾区人民提供可靠快速的应急安置点，日本著名建筑师坂茂先生多

华林小学纸管建筑搭建

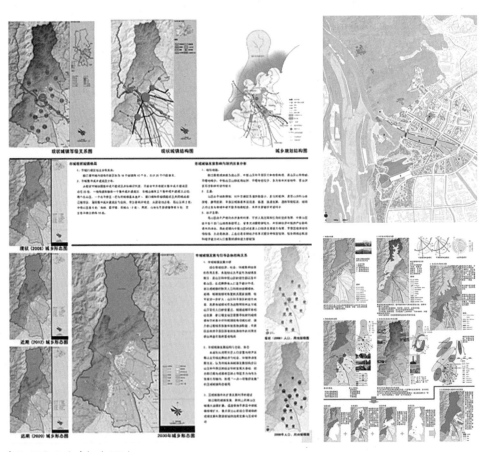

都江堰灾后重建概念规划

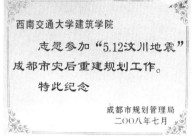

建筑学院在"5·12"汶川地震灾后重建工作中获得的奖杯证书

次到学院研讨工作，与建筑学院邓敬副教授、殷红副教授、王梅副教授等人，带领建筑学院与日本庆应大学的志愿者，为搭建华林小学，在现场度过了几乎整个暑假，有效探索了灾后应急房的建造模式与手段，引起了社会的广泛关注与好评。

在此期间，建筑学院还得到众多专家、学者的亲切关心。何镜堂院士、秦佑国教授、仲德崑教授、吴志强教授、鲍家声教授、汪正章教授、夏铸九教授、钱方总建筑师、刘家鲲先生、朱涛先生，以及法国建筑大师安德鲁、东京大学石川干子教授、日本建筑大师坂茂、马里兰大学沈青教授、庆应大学严网林教授等海内外学者，在与建筑学院一起进行灾后重建及其他活动之余，特意为学院师生举办多场学术讲座，激发了学生的学习热情，也深深感动了全院的师生。值得铭记并感激的是，西南交通大学建筑学院得到了全国各高校和国际友人的热心关心和问候，全国各大建筑院校的院长、教授们以及各专业期刊的领导不止一次的来院关怀，学校设计院及土木工程学院也给予建筑学院有力的支持。

2013年4月20日，四川省雅安市芦山县发生7.0级大地震，这是短期内西南交通大学经历的又一次大地震。建筑学院迅即再次投入抗震救灾和灾后重建的工作中，在学校的同意和组织下，向灾区派出专家团队，与相关政府部门和科研单位密切配合，参与应急安置、灾损评估和重建规划设计。

2015年4月25日，尼泊尔发生8.1级地震，造成包括我国西藏地区在内大量人员伤亡和财产损失；尼泊尔的文化遗产震毁严重。7月，建筑学院与尼泊尔特里布文大学开展学术交流，结合在历次灾后重建中的实践和研究积累，就历史遗产的震后恢复和保护开展联合研究。

近年来，建筑学院师生在完成各类灾后重建规划和设计实施项目近60项，持续参与和关注灾后重建的研究和评估活动，在灾后重建领域形成了一定的学术积累和研究特色，获得了包括成都市人民政府授予的"都江堰市灾后重建规划概念方案设计荣誉奖"和全国高等学校建筑学科专业指导委员会授予的嘉奖证书在内的多项荣誉。

带动发展：服务社会得到广泛认可

除了积极投身灾后重建事业，2005年以来，建筑学院进一步发挥学科优势，在服务社会方面做出贡献，获得了广泛认可。

服务社会的方式也从早期的以人员培训、设计创作为主，逐步转变到为行业与地方制定政策法规、发展规划、行业标准提供决策咨询；加强产、学、研、用结合，促进学术成果转化，为城乡建设与发展提供技术支持；履行社会责任，促进民族地区规划教育及学科发展等。

"十一五"和"十二五"期间，建筑学院教师完成的一部分重大课题，已经为行业与地方制定政策法规、发展规划甚至行业标准提供了决策依据。学院教师参与完成的"京沪高速铁路综合景观设计研究"、"京津城际高速铁路土建工程成套技术研究"相关研究成果，已被列为我国高速铁路自主创新的核心技术体系；"铁路客站后评价体系研究"则是我国针对复杂的大型交通建筑，首个完成建构后的评价理论体系。一系列交通规划与设计研究课题都对今后铁路客站建筑和综合景观设计提供了行业标准制定的参考和重要决策依据；《成都市城镇规划建设技术导则》、《成都市中心城区建筑立面设计导则》等科研成果，成为成都市城市建设重要的规范性文件，指导了成都地区的城镇建设。

在学科建设全面提升的带动下，产、学、研结合和科研成果转化不断深入，结合地域建筑、绿色建筑等领域的研究，在传统城镇和地域建筑的保护与更新、节能技术的推广与运用中产生了良好的社会效益。同时，学科教师积极参与各类研究性设计创作，并在国内、国际竞标中多次中标。

2005年以来，建筑学院继续发挥学科优势，进一步加大对西藏大学建筑学科的支援力度。在逐步完善西藏大学建筑学专业建设的基础上，支持帮助其开设了城乡规划专业，累计派驻援藏教师10余人次、完成课程40余门次，为西藏大学建

援藏教师授课现场及合影

筑学师资开展教育培养，并在学科发展上继续为其提供咨询和帮助。2014年起，建筑学院又承担了西藏大学建筑学、城乡规划专业在西南交通大学2个班的驻校教学任务。

　　为全面推进西藏自治区"十二五"期间住房和城乡建设事业人才队伍建设，更好地适应住房和城乡事业发展的需要，2011年12月，国家住房和城乡建设部与西藏自治区住房和城乡建设厅共同举办为期一周的全区住房和城乡建设系统行政管理干部培训，建筑学院李昇副院长应邀参加西藏自治区住房和城乡建设系统行政管理干部培训班的授课工作。

　　通过十余年的持续努力，西南交通大学建筑学院为西藏地区城乡建设发展和专业技术人才输送做出了积极贡献，有力促进了西藏地区建筑学学术研究的开展，为该地区建筑学学科发展做了奠基性的贡献，受到中组部、教育部、四川省、西藏大学和社会各界的广泛认可。

　　除大力支持西藏地区建设外，2005年以来，建筑学院积极拓展社会合作，与全国多个省市的大型设计机构和行业单位签订了合作协议，建立了深入的合作关系，积极服务地方建设和社会发展。

　　2014年，在建筑学院的积极推动和协调之下，西南交通大学与四川省住房与城乡建设厅、中国建筑西南设计研究院有限公司先后签订了学校与政府间和学校与企业间战略合作协议，合作共建建筑学院。为建筑学院发挥优势，进一步参与地方建设，服务社会，搭建了高水平的平台。

齐头并进：党建、群众和学生工作水平得到跨越式提升

随着学院办学规模不断扩大，学科和专业建设不断深入，建筑学院的党建工作、群众工作、学生工作日益成熟，实现了跨越式的提升。

2005年以来，学院党委认真贯彻落实党的十七大、十八大制订的路线方针政策和学校十三次、十四次党代会精神，健全长效机制，加强党的组织建设、领导班子建设和师资队伍建设，全面提高了学院党建科学化水平，高质量地完成了保持共产党员先进性教育活动和党的群众路线教育实践活动；创新采取了灵活的党员教育模式，通过建立网上党支部和支部书记热线，保证了对较长时期在外实习党员的规范管理和思想教育。通过形式多样的特色党建活动，将学科建设、人才培养、服务社会、民族团结等主题，与师生员工和党员的日常生活有机联系起来，基层组织的号召力、战斗力得到了有效提升，党员的先锋模范作用得到了充分发挥；引导青年学生和教师，积极向党组织靠拢的，党员比例稳步提升，在全国建筑院校中处于领先水平，多次在专业评估中受到评估专家的肯定。

学院党委充分调动各方面积极性，做好工会、统一战线等群团工作。同时学院党政联席会坚持"三重一大"制度，促使学院形成了阳光党务、阳光院务。学院党委与行政紧密配合，大力开展学院文化建设和氛围建设，组织各类文体活动，学院教工排球队、足球队以及学生"橙"合唱团，都成为备受师生喜爱的校园风景线，

建筑与设计学院教工排球队

建筑与设计学院教职工之家

建筑与设计学院学生"橙"合唱团

2015年西南交通大学建造节

对团结师生、鼓舞干劲、优化氛围起到了非常积极的作用。2013年，学院"教职工之家"建成并于下半年验收通过，为教职工学习、工作、休息提供良好的环境。

2005年以来，建筑学院学生工作进一步取得跨越式的发展，思想政治教育、学生党建、日常管理、奖助管理、心理健康教育、突发事件处置、学生组织建设、活动开展、素质拓展与科创活动、宣传与信息化建设等各方面均实现了规范化、系统化和专业化。特别是将学生工作和学生专业学习紧密而有机的结合方面，经过多年探索，已经形成了一整套适应设计课教学组织周期，以专业性竞赛和展示活动为平台，以专业教室安全文明使用和氛围建设为抓手，以设计师综合职业素质培养为亮点的建筑类专业学生工作特色机制。

2012年开始，由学生工作组负责组织实施的暑期学校国际交流项目、国际建造节系列活动，都已成为建筑学院人才培养的品牌特色项目，得到国内外师生和社会相关方面的高度评价。全体学生工作干部，既是学生思想进步的领航员，又是学生专业成长的策划师，实现了思政教育与专业教育的高度融合，建筑学院学生工作综合评价和各单项评比连年取得好成绩。

院馆落成：建筑学院整建制迁入犀浦校区办学

2005年，学校接受建筑学院申请，开始筹划在犀浦校区建设独立的建筑馆。

2009年新建成的建筑与设计馆

九里校区办学期间，沈中伟院长等和日本著名建筑师坂茂在建筑学院门厅合影

沈中伟院长、栗民书记和国际设计师协会主席大卫·格罗斯曼在建筑与
设计馆门厅合影

其后确定为，在犀浦校区建设专供建筑学院与艺术与传播学院使用的8号教学
楼，建筑面积30000平方米。在广泛调查使用需求，反复与相关部门协调沟通的
基础上，建筑学院组织专业教师开始建筑馆的方案设计。经多轮方案比选，确定
了实施方案，于2007年开工建设。2009年，犀浦校区8号教学楼全面落成。

　　新建成的8号教学楼，建筑、艺传两学院各居其半，空间上相互联系又相
对分离。建筑馆部分包括设计专用教室、多媒体教室、多媒体评图教室、美术

建筑与设计馆设计教室和公共开放空间

建筑与设计馆设计开放教学和展示空间

建筑与设计馆实验教学空间

建筑与设计馆远眺

教室、开放评图空间、公共教学空间等各类教学空间，以及学术报告厅、建筑图书分馆、陈列室、图档管理室等交流展示场所，设有建筑模型实验室、建筑材料与构造示教实验室、建筑物理实验室、数字信息技术实验中心、建筑摄影实验室以及教师工作室，总面积超过15000平方米。建筑学院的办学条件得到了巨大的改善。

按学校统一部署，建筑学院于2009年7月开始，整建制向犀浦校区搬迁。学院师生不顾酷暑，团结协作，在暑期圆满完成了搬迁任务。2009年9月，建筑学院新学年各项教学和行政工作都在犀浦校区顺利开启。迁入犀浦校区之初，学校行政机关和兄弟院系依然在九里校区办公，建筑学院师生自觉服从学校大局，克服当时两校区交通不便的困难，高质量地完成了各项教学和科研工作，为学校的发展，特别是以犀浦校区为主校区的办学格局的确立，做出了非常积极的探索与贡献。

在学校"一校两地三校区"的办学格局下，当时研究生教育的主要部分仍安排在成都九里校区等待逐步搬迁，建筑学院是第一批迁入犀浦校区的研究生培养单位之一。与14年前相似，建筑学院又一次承担了在新的校区开启一个人才培养层次的重要使命。另一方面，因为除建筑、艺传两学院本科学生之外，成都校区其他专业的本科生，均已在2004年迁入犀浦校区，所以建筑学院本科生也成为最后一批迁离成都九里校区的本科学生，建筑学专业成为在成都九里校区办学时间最长的本科专业。

重构融合：确立通用设计培养理念，完成学科调整和院系整合

2015年，西南交通大学召开了第十四次党员代表大会，提出了建设交通特色鲜明的综合性研究型一流大学的奋斗目标，展开了新一轮学科调整与优化。建筑学院积极参与，主动融入，全院师生站在学科长远发展的高度，对学院建设进行了全面的总结，对建筑与设计类学科的发展前景，做出了理性的分析。经学院党政联席会议、学术委员会、教授委员会的反复研究，经过与全院师生的充分交流，统一了思想，确立了学科调整的方向和基本思路。

2015年7月，学校决定，将原隶属于艺术与传播学院（同时撤销）的设计学和美术学2个一级学科，3个教学系，4个本科专业，工业设计与工程二级学科博

士点，以及相关实验室和研究机构，与原建筑学院合并，改革、重组为建筑与设计学院。

至此，建筑与设计学院下设建筑学系、城乡规划系、风景园林系、艺术设计系、工业设计系、美术系，建有绿色人居环境控制与建筑节能四川省工程实验室和艺术造型四川省高等学校实验教学示范中心，设立了交通建筑与规划研究中心、遗产保护国际研究中心、绿色建筑研究中心、乡土建筑研究中心、区域规划研究中心、人机环境系统设计研究所、现代设计与文化研究中心等研究机构。建筑与设计馆建筑面积30000平方米，另有馆外实验室近2000平方米。在职教职工178人，其中专任教师144人，在校本科生、研究生2400余名。

2015年9月1日，建筑与设计学院领导班子宣布大会于西南交通大学犀浦校区建筑与设计馆学术报告厅召开，全体教师出席。校党委晏启鹏副书记代表学校党委宣布了学院的新的领导班子：沈中伟教授任建筑与设计学院院长、栗民同志任建筑与设计学院党委副书记（主持工作）。

跨越突破：全面建成建筑学科完整人才培养体系，开启新篇章

改革重组成立的建筑与设计学院，以学科建设作为学院工作的灵魂，始终坚持学科建设的中心地位，全力以赴地推动建筑学一级学科博士点的突破工作。经过不懈努力，2016年4月1日，经过西南交通大学学术委员会投票表决，建筑与设计学院设立建筑学一级学科博士点。这是在2011年国家调整学位点设置机制，不再新增博士学位授权点的背景下，建筑学科发展建设的重要跨越。

建筑学一级学科博士点的设立，标志着西南交通大学全面建设完成了建筑学科完整的学士、硕士、博士人才培养体系。至此，建筑与设计学院拥有7个本科专业，4个一级学科硕士点，5个专业学位硕士点，1个一级学科博士点，2个二级学科博士点，1个省级博士后科研实践基地。

2016年4月7日，建筑与设计学院召开第一次党员大会，选举产生了中共西南交通大学建筑与设计学院第一届委员会和纪律检查委员会。党委第一次全委会，选举栗民同志为建筑与设计学院党委书记。

本次大会提出，今后五年，学院的奋斗目标是：紧密围绕学校发展战略和中

心工作，牢牢抓住"双一流建设"和"院办校"综合改革契机，以人才培养为核心，聚力学术强院，坚持学术、艺术、技术相融合的办学理念，以"建筑进一流、设计强学科"为学科发展目标，高度重视人才引进和人才培养工作，凝心聚力建设好建筑学一级学科博士点，充分发挥建筑学一级学科的引领作用，践行登峰计划，将建筑与设计学院建设成为一流的、有特色的高水平研究型学院。

以建筑学一级学科博士点的取得为标志，以建筑与设计学院第一党员大会提出未来五年的奋斗目标为具体描述，西南交通大学建筑教育和建筑与设计学院的发展，开启了新的历史篇章。

在唐山交通大学建筑系建立七十周年，西南交通大学恢复建筑系三十周年之际，重组建筑与设计学院，是西南交通大学建筑与设计教育发展的又一次跨越；伴随建筑学一级学科博士点的建立，西南交通大学全面建设完成了建筑学科完整的学士、硕士、博士人才培养体系。结合1946年，特别是1985年以来在办学中积累的经验，围绕学科建设这一中心，建筑与设计学院进一步完善了教学、科研、实践相结合的人才培养模式，聚力学术强院，坚持学术、艺术、技术相融合的办学理念，适应时代发展的需要，积极建立"人居环境-建筑空间-生活产品"一以贯之的通用设计人才培养序列，实现由外到内、由大及细的延伸；强调人才培养大平台的艺术底色和通识设计底色，不断夯实以建筑学为引领的各学科专业厚度，树立开放性的办学理念，将建筑与设计学院建设成为一流的、有特色的高水平研究型学院。

回首百年前，庄俊校友胸怀理想、意气风发，从唐山校园漂洋过海问学西洋，艰辛而执着地走上建筑创作之路。岁月飞逝，理想依旧。我们不禁感叹，西南（唐山）交通大学与建筑的不解之缘。回望20世纪20年代，叶恭绰校长筹划建筑教育，其高瞻远瞩，更令人敬仰。唐山宏大开篇，抗战坚韧不拔，峨眉辗转传承，成都再创辉煌。一代代交大建筑学人，筚路蓝缕，薪火相传，以执着的专业追求和激昂的奋斗精神，走出了一条积淀深厚、特色鲜明、前景开阔的发展之路。

站在新的历史起点，古老而又年轻的西南交通大学建筑与设计学院，将发扬百年建筑教育的光荣传统，以育人贡献国家、知识服务社会，用设计改变生活，为实现中华民族伟大复兴的中国梦，为实现交大的复兴与超越，做出新的创造与贡献。

Comprehensively Establishing and Accomplishing the Complete Talent Cultivation System of the Bachelor , the Master and the PhD, Heading for the Future

The Stage of Single Professional Education Centered on Architecture (1985-1997)

In 1985, Ministry of Railways and Ministry of Education granted Southwest Jiaotong University (SWJTU) to resume recruiting undergraduate students majoring in architecture featuring a four-year school system. Altogether 19 students were enrolled as architecture major in 1985.

In March 1986, SWJTU decided to resume the Department of Architecture, appointing Liu Baozhen as the dean and Guo Wenxiang as the direct secretary of Party branch. The meeting for the resuming was held at Emei on April 28th. With the number of teaching and administrative staff approaching 30, it was then one of the largest educational units of architecture all over China.

Well-known alumni, such as Prof. Tong Heling, Prof. Peng Yigang (academician of Chinese Academy of Sciences in 1995), Prof. She Junnan (academician of Chinese Academy of Engineering in 1997) and other senior experts such as Xu Shangzhi, Zheng Guoying, Zhuang Yuguang, Xiong Shiyao, etc. were engaged in teaching in the new Department of Architecture. At the same time, the department actively contacted overseas alumni to build channels for international academic exchanges. In November 1986, the academician of Royal Institute of British Architects,Prof. Huang Kuangyuan (alumnus in 1945) led a delegation group to carry out academic exchanges and was employed as a counselor professor.

Not long before the resuming of Department of Architecture, the university decided to move to Chengdu after the consultation between Ministry of Railways and Sichuan Province. In September 1985, 19 new students registered at the branch of Chengdu in 1985. After 1987, the department began to move from the branch into a campus and the school conditions were greatly improved.

Since the move to Chengdu, teachers in Department of Architecture have designed a number of representative public buildings. Chengdu International Convention and Exhibition Center, with an area of 113,000 square meters, was a lead in large-sized modern urban complex in southwest China. It was accomplished in 1997 and put into use in the same year. Led and advocated by Prof. Liu Baozhen, the discipline of Architecture practiced a lot in the field of transportation architecture, and independently completed the architecture design for more than ten station buildings along Nanjing-Kunming Railway, which was called "the Largest Poverty Alleviation Project in China" back then. Designed by the teachers of the department of Architecture, the administration building, the stadium, and the academic exchange center on Chengdu campus were built up and the design of the college hall was also finished.

In 1988, upon the graduation of the first group of undergraduates since the restoration of enrollment of Architecture, the department started a try in graduate cultivation. In 1991, State Education Commission and Ministry of Railways granted the university to change the four-year undergraduate system into a five-year one, marking the preliminary completion of the architecture-centered cultivation system. Approved by the superior authority in 1996, Southwest Jiaotong University were able to confer master's degree in Architecture Design and Theory and comprehensive work of cultivation were carried out, which helped to establish a multi-level talent training system centered on architecture.

In 1987, Ministry of Construction held a Design Competition of Urban and Rural Residence in China's 7th Five Year Plan. A young teacher named Zhou Jianhua won the second prize in nearly 5000 design works from near 10,000 architects and experts all over the country. In October 1994, Wei Yibo (an undergraduate architectural student admitted in 1991) won the third prize in National College Student Architecture Design Competition. In May 1995, Li Yanning and Hu Ju admitted in 1992 won the Honorary Award in the third International Urban Residence Design Competition, namely the sixth International College Student Architecture Design Competition held by UIA.

The Formation Stage of Multi-professional Education System under the Lead of Architecture (1997-2005)

In 1997, Assessment Committee of Architecture Major in China' Institutions of Higher Education approved the application handed by SWJTU. In May 1998, undergraduate education of Architecture in SWJTU was able to pass the assessment under certain conditions and succeeded in the mid-term inspection. In May 2002, the undergraduate education of architecture passed the assessment unconditionally with a 4-year validity. In June 2004, the graduate education of architecture passed the assessment successfully with a 4-year validity. Since then, Southwest Jiaotong University had the right to confer both bachelor and master degrees of architecture in

Sichuan Province and it is the only unit granting the professional architectural degree until 2015.

The major of Urban Planning began recruiting students with a five-year school system in 1997 and the major of Architecture (Landscape Architecture) in 2002. The first major of Landscape Architecture Design in China was granted by Ministry of Education in 2003. Since 2002, the undergraduate admissions of architectural education in SWJTU reached 3 classes in Architecture, 1 class in Urban Planning and 1 class in Landscape Architecture, with a total scale of 120 to 150 students.

In 1996, the university was granted to confer Master's degree in Architecture Design and Theory. In 2000, the School of Architecture began to recruit students for engineering master degree in Architecture and Civil Engineering. In April 2003, Ministry of Education approved the university independently set up the doctoral program and master program in Landscape Engineering under the discipline of Civil Engineering. Master programs in Architectural History and Theory and Urban Planning and Design, were authorized in December 2003, and the master program in Technology and Science of Architecture was authorized in 2005. Thus, the four master programs under the first-grade discipline of Architecture were completed. In 2004, SWJTU passed the educational assessment of postgraduate education of architecture, and in the same year, the master program in Architecture Design and Theory was rated as the key discipline in Sichuan Province, marking the preliminary establishment of multi-professional graduate education system under the lead of architecture.

In 2002, the Department of Architecture was renamed as the School of Architecture (SA) with Prof. Qiu Jian acting as the dean and Xu Fu'e as the secretary of Party Committee. The change promoted the optimization of educational environment. Numerous awards in high-level academic and extracurricular competitions such as National Challenge Cup, first publication of Pedestrian Street in June 2002 and the running of SA website in November 2003, all showed that students in the school were growing in an all-round way.

On April 10th, 2001, the architectural branch of the Architecture and Survey Design Institute in SWJTU was established, and it has won the first prize in more than ten international tenders such as the comprehensive treatment planning of tourism channel in Mount Emei and the comprehensive planning of Shiling scenic area in the new district of east Chengdu.

After renamed as the School of Architecture, the school held and catered for a number of national academic activities in architecture such as Architectural Dean's Congress of National Higher School and the observation and selection activities of national collegiate architecture design works, which greatly expanded the space for academic exchange.

Since 2002, SA assumed the task to support the establishment of architecture major in Engineering College of Tibet University. SA teachers were sent to Tibet for teaching tasks while teachers from Tibet University were constantly trained in SA. Architecture major in Tibet University was established and gradually embarked on the right track. SA undertook the examination and training of the first level registered architects of Sichuan Province, and the participants exceeded more than 3000, which strongly promoted the local economic construction.

The Great Leap Upward of Educational Level Centered on Discipline Construction (2005-2015)

In 2005, Personnel Department of Sichuan Province established a post-doctoral research workstation in SA, SWJTU. In 2009, the workstation was renamed as Sichuan Post-doctoral Research Practice Base. In 2010, SWJTU achieved the first-level discipline of Architecture. In 2011, the three first-grade disciplines of Architecture, Urban Planning and Landscape Architecture obtained the right to confer master degree at the same time. In 2010 and 2014, School of Architecture acquired the authorization of professional master degree of Landscape Architecture and Urban Planning successively. Until then, SA established a complete educational system for professional master degree, including Architecture, Urban Planning and Landscape Architecture. In 2012, the second-grade doctoral program of Landscape Engineering was renamed as Engineering Environment and Landscape. In 2015, the discipline of Design and Fine Arts and the Industrial Design and the second-grade doctoral program of Engineering were all integrated into the reformed and restructured School of Architecture and Design.

In 2007, the major of Architecture was rated as the distinctive major in Sichuan Province. In 2009, the major of Architecture became one of the first seven national distinctive majors in SWJTU. In 2010, the major of Architecture became one of the first national "Excellence Program" cultivation. In the same year, the major of Urban Planning passed the undergraduate educational assessment with excellence. In 2014, the undergraduate and graduate education of architecture both passed the assessment with excellence and SWJTU has become one of the 16 universities nationwide with both undergraduate and postgraduate education passing the 7-year valid assessment. In the two national discipline assessments of 2012 and 2014, SWJTU's Architecture (first-grade discipline) ranked 16 in both. In 2015 ranking of professional competitiveness of national universities, the architectural major in SWJTU ranked sixth. The undergraduate and graduate students acquired an increasing number of prizes in various international and national design competitions, works sharing and scientific innovative competitions, with a total of more than 150 items.

From 2005 to 2015, the faculty in SA achieved a great-leap-forward development and the scale of faculty has been significantly expanded. The title and the level of educational background of the faculties are remarkably improved and the academic structure of the school is more diversified. In 2005, Prof. Shen Zhongwei was elected as the member of the Steering Committee of Architecture Discipline of National College , Prof. Qiu Jian was elected as the member of Steering Committee of Urban Planning Discipline of National College (Professor Bi Linglan took over later). In 2009, Prof. Shen Zhongwei was elected as the member of Architectural Professional Education Assessment Committee of National College. In September 2012, SA invited Prof. Taniguchi Gen to come for teaching,which was supported by High-end Foreign Experts Project of the National Foreign Experts Bureau in 2012. Since 2005, three academicians, Prof. He Jingtang, Prof. Wu Shuoxian and Prof. Liu Jiaping, have been engaged as honorary professors and a group of well-known scholars such as Prof. Bao Jiasheng, Prof. Qin Youguo have been engaged as counselor professors and part-time professors.

From 2010 to 2015, SA has achieved 20 items of National Natural Science Fund, 1 item of National Social Science Foundation, 3 items of Humanities and Social Sciences Fund Project of Ministry of Education, 1 item of National Science and Technology Project, 3 items of National Science-technology Support Plan Projects, 2 items of the Ministry of Railways' Science-technology Program, 22 projects of Sichuan Science & Technology Program, Sichuan Science & Technology Department Project, the project of the Sichuan Key Research Base of Philosophy and Social Science, and more than 60 projects of the fundamental research funds of the Central Universities of the Ministry of Education. Research funding of all these projects and contracts exceeds 50 million yuan. The scientific research in SA has achieved the advanced level among domestic architectural universities. In the period of Eleventh Five-year Plan and Twelfth Five-year Plan, part of the major issues accomplished by teachers of School of Architecture have provided decision-making references to lay down the policies, regulations and norms for industrial and local development and planning.

Since 2005, SA has successfully sponsored or hosted more than ten international and national academic exchange activities such as the National Seminar of Architectural

Graduate Education, International Forum of Post-disaster Landscape Restoration and Reconstruction, Annual Conference of the World Association of Chinese Architects, the National Conference of Urban and Rural Planning Education, etc. The school also held special academic report meetings for nearly 230 times. More than 30 people were invited to make keynote speech in important academic meetings. More than 40 teachers and graduate students went abroad to attend international academic conferences and various academic exchange activities.

Since 2005, the School of Architecture has established a mechanism for students and staff's exchange visit, academic exchange and students' short-term learning exchange with universities and institutions from Canada, Austria, Germany, Holland, Japan, France, the United States, Britain, Italy, China's Taiwan and Hong Kong etc. The school employed foreign teachers from Canada, Japan, Ukraine, the United States and other countries for teaching in SA and it also accepted exchange students and overseas students coming from Europe, America, Asia, Africa and the regions of China's Hong Kong and Taiwan. The school carried out exchange programs with the State University of New York, City University Hong Kong, Taipei University of Science and Technology. In 2013, the SA and Oklahoma State University together developed a 2+3 joint-training program for Architecture and Landscape Architecture majors. It has become a normal that joint research or the short-term teaching activities in studio are carried out by teachers and students from both countries. Since the international summer school began in 2012, the school jointly organized the summer school projects to visit the United States, Italy and Japan with Oklahoma State University, Rome, Italy Architectural Institute, the University of Rome, and the Architectural Institute of Japan, Nagoya University, Ritsumeikan University and other units. In 2013, Architectural Society of China began to hold the Overseas Works Exchange Exhibition of China's Architectural College Students. Teachers and students in SA has won a number of outstanding works' awards every year. In July 2014, the School of Architecture introduced Prof. Shen Qing as a dean overseas, who is currently the head of the Department of Urban Design and Planning in University of Washington, USA.

In May 2012, the School of Architecture and Autodesk Software (China) Co., Ltd, famous in the industry of engineering design software, signed a memorandum of cooperation to construct the Autodesk design and innovation software teaching center and the demonstration laboratory in the SWJTU. In July 2015, the School of Architecture and related units in SWJTU jointly applied for the establishment of Sichuan Engineering Laboratory of the Green Living Environment Control and Architectural Energy-saving. The application was approved afterwards.

On May 12th, 2008, Wenchuan Earthquake caused tremendous damage to the earthquake zones and the people living in there. It also made great impacts on the teachers and students of SA, SWJTU located in the earthquake zones. With the enthusiastic support from the domestic and foreign colleagues, teachers and students in SA carried out extensive academic researches on post-quake reconstruction and participated in the planning and design of reconstruction. As a base of architectural talents' cultivation and scientific research which suffered most from the earthquake and was the closest to the epicenter, the School of Architecture held nearly 20 international academic exchange activities of post-disaster reconstruction. The teachers from School of Architecture cooperated with the famous Japanese architect Shigeru Ban, leading the volunteers from Keio University in Japan and SA to build the paper-tube emergency classrooms in Hualin Primary School, which aroused widespread attention and praise from the society.

On April 20, 2013, a 7.0-magnitude earthquake occurred in Lushan County, Ya'an City, Sichuan Province. SA immediately sent a team of experts to the disaster area and kept close cooperation with relevant governmental departments and scientific research units, participating in emergency resettlement, suffering assessment and reconstruction planning and design. On April 25th, 2015, a 8.1-magnitude earthquake took place in Nepal and its cultural heritage were severely destroyed. In July, the School of Architecture and Nepal Tribhuvan University undertook a joint research on heritage restoration and protection after the earthquake. In recent years, the teachers and students of School of Architecture have completed nearly sixty projects about all kinds of post-disaster reconstruction design, planning and implementation. It has gained a certain accumulation of academic research findings and demonstrated distinctive features in the post-disaster reconstruction field. The School also won an honorary award of Conceptual Design for Dujiangyan Post-disaster Reconstruction Planning granted by Chengdu Municipal People's Government and the honorary certificate awarded by National Steering Committee for Architectural Education.

Since 2005, SA has rendered further support to help Tibet University set up the major of Urban Planning. More than 10 teachers were sent to station in Tibet University and gave more than 40 courses there. From 2014, SA has undertaken the teaching task of 2 classes of Architecture and Urban and Rural Planning majors in Tibet University in SWJTU.

The Party work, mass work and student supporting in the School of Architecture have gradually become mature. The Party Committee of SA and the administrative work are closely combined to create a harmonious cultural environment. Various kinds of cultural and sports activities, the volleyball team, the football team and the Orange student choir have all become a favorite campus landscape for teachers and students. In 2013, a home base for Architecture staff members was built up and passed inspection late in the year. Since 2005, SA has formed a set of mechanisms of dealing with student affairs of architecture features. A high-level of integration of political education and professional education has been achieved. The comprehensive evaluation of the student affairs and each individual reviews in SA have all acquired good results in successive years. The English website of SA was launched in 2013 and its new media was officially online in 2015.

No.8 teaching building in Xipu campus was completed in 2009 and SA began moving to Xipu campus in July 2009. In September 2009, the teaching and administrative work of SA started in the new school year on Xipu campus. In July 2015, the university made a decision to cancel the School of Arts and Communication. Disciplines of design and fine arts and their corresponding academic departments, degree programs, laboratories and institutes were combined with SA. A new school of Architecture and Design was created, with Prof. Shen Zhongwei serving as the dean and Li Min serving as the chair of Party Committee. The Academic Committee of Southwest Jiaotong University voted on April 1st, 2016 and decided to establish a doctorate programs of architecture, which is a great leap forward as no more doctorate programs would be approved since the State adjusted the mechanism for the establishment of degree granting programs in 2011.Altogether, the School of Architecture and Design owns six academic departments of Architecture, Urban Planning, Landscape Architecture, Art Design, Industrial Design, Fine Arts, and 7 undergraduate majors, 9 Master's degree programs, 3 doctoral programs and 1 post-doctoral research practice base. School of Architecture and Design has 178 staffs in service, including 144 full-time faculty members and over 2400 undergraduates and graduates.

The School of Architecture and Design concentrates on the discipline development, puts emphasis on research and academic standards, and persists in integrating academic affairs, arts, and technologies in the delivery of programmes. With the experience accumulated since 1985, the school has established a complete talent development system and ranked among the top in China.

西南交通大学犀浦校区建筑与设计馆

西南（唐山）交通大学建筑学科发展大事记

1896 年	10月29日　直隶总督兼北洋大臣王文韶禀奏清政府设立铁路学堂，获光绪皇帝御批同意。 11月20日　北洋官铁路局发布招生告白，在天津公开招收头、二两班学生40名。 12月　北洋铁路官学堂（Imperial Chinese Railway College）在山海关开学，开启中国近代土木建筑工程教育。
1900 年	3月　铁路学堂第一批学生毕业，有17人获得学堂监督及洋总教习签发的证书。
1905 年	5月　山海关铁路学堂毕业生徐文泂、张鸿诰、苏以昭、张俊波等16人由清政府调派，参加詹天佑主持修建的我国第一条自主设计、自主施工的京张铁路，勘察设计了包括车站、机车房、水塔、工房、住所等工业与民用建筑。 5月7日　直隶总督兼北洋大臣、关内外铁路督办袁世凯饬令铁路学堂移设唐山重建，先后派梁如浩、周长龄、方伯梁、熊崇志等多位留美幼童和留学生执掌路局，担任铁路学堂、路矿学堂的总办或监督，全面引进欧美工科大学体系。
1910 年	8月　学生庄俊考取第二届清华庚款公费留学，赴美国伊利诺伊大学选读建筑工程科，学成后回国在清华学校担任讲师和驻校工程师，成为中国第一位建筑工程学学位和"建筑师"职称获得者。后在上海创办"庄俊建筑师事务所"，设计了一大批有影响力的建筑，与建筑界同仁组建"上海建筑师学会"、"中国建筑师公会"并担任会长。
1915 年	学生朱神康毕业赴美国密歇根大学学习建筑，回国后任南京首都建设委员会工程建设组荐任技师，1931年加入中国建筑师学会，1932年开始在中央大学建筑系任教授。
1916 年	12月　学校在民国政府教育部举办的全国专门以上学校（即高等院校）成绩展览评比中获得第一名，荣膺特等奖状，教育总长范源濂特题"娭实扬华"匾以资嘉奖。
1917 年	学生谭真毕业，赴美国麻省理工学院留学取得土木工程硕士学位，后回国在天津与校友邵从燊等合办荣华建筑工程公司，1929年设计了北洋大学工程楼，并于1940年起兼任天津工商学院建筑系教授，1946年创办谭真建筑师事务所。曾任中华人民共和国交通部副部长，中国土木工程学会第三届（1962年）副理事长。
1910 年代	学校对土木工程施行大类教育，其课程涉及机械、电气、水利、卫生、房屋及市政等，培养了庄俊、朱神康、王节尧、茅以升、李俨、谭真、侯家源、杜镇远、过养默等一大批高水准的土木建筑技术人才。

1920 年	经清华学校校长同意，校友庄俊兼任交通大学专管京、唐、沪工程专员。
1921 年	校友庄俊兼任交通大学工程师，设计唐山交大宿舍及北平交大职员办公室。
	3月　1917届毕业生过养默与留美同学吕彦直、留学英国伦敦大学土木系的黄锡霖合伙在上海开办东南建筑公司，并任总工程师。他曾设计上海银行同业公会大楼和南京最高法院等知名建筑。
	5月　交通大学合组成立。交通总长、交通大学校长叶恭绰在交通大学唐山学校土木工科第四学年分设铁路、结构、市政、水利四门，并筹划设立营造科，是国内高等建筑教育最早的创设计划。可惜因北洋军阀派系的倾轧争夺而告吹。
1924 年	1922届毕业生杨锡镠在上海与人合办凯泰建筑公司，承接沪上多所著名学校的建筑规划设计。1929年自设（上海）杨锡镠建筑事务所。1932年设计了上海著名的百乐门大饭店舞厅。新中国成立后，杨锡镠担任北京市建筑设计院总工程师，领导和参加了著名的北京工人体育场等重大建筑的设计。
1925 年	1924届毕业生朱泰信考取安徽省公费留学，在伦敦大学首校市政卫生系攻读城市规划和市政工程，并在该校医科攻读微生物学，两年后到法国巴黎大学医科公众卫生学院专攻微生物学和公共卫生，在巴斯德学院实验室师从世界著名微生物学家杜嘉利克教授。
	5月　孙鸿哲校长提出增设建筑科、水利科（均为本科4年制）和创设研究实验室的学校扩充计划。北洋政府以经费短拙未予以支持，仅恢复办理水利科。
	7月　学生孙立己赴美国伊利诺伊大学建筑系留学，回国后曾在庄俊建筑师事务所从事设计，旋又自办孙立己建筑师事务所，1936年兼任上海国际大饭店有限公司常务董事及国际大饭店总经理。1931年加入中国建筑师公会。
1930 年	5月　李书田院长著文《对于发展交大唐院之将来计划》，"拟将本院之构造工程学门，扩充为构造及营造工程学系"。
1931 年	林炳贤副教授经三榜（分别在香港、新加坡、英国伦敦）定案，考取英国皇家建筑师学会会员（ARIBA）资格。
	8月　毕业生朱泰信从英国、法国学成后回母校任教，推动了城市规划教育在中国的起步发展，率先在国内大学讲授城市规划课程。他撰写的《镇江城市分区计划及街道系统意见书》，为将来镇江城市发展之根本计划，发表于《交大唐院季刊》1931年1卷4期。1940年代主持中国近代首次区域规划实践——武汉区域规划，《工程》杂志称之为"国内城市规划理论之权威"。

1932 年	2月 时任铁道部长叶恭绰支持在学校设立建筑工程系。林炳贤副教授起草拟具建筑工程学系课程表，提交唐院第三十一次教务会议审议，经修订并顺利获得通过。李书田院长向交通大学上海本部呈文，要求在1932年暑假后添招该系学生。

2月22日《交大唐院周刊》第46期在头版发布了添设建筑学系的消息，并公布了建筑系4个学年的学程课表，与土木系相同课程学分占70%以上，明显呈现出偏向技术的体系训练。

3月 李书田院长聘定建筑工程副教授兼建筑工程学系主任林炳贤。

5月 确定以在土木工程学系分立建筑工程学门的方式，在第四学年由学生选择专业学习，以此正式掀开学校筹划了11年之久的建筑学专门教育。土木系通有课程中属于建筑工程知识体系训练的课程学分比例几乎达到30%。

9月 建筑门第一届学生13人开始专业学习。学校在东讲堂二楼开辟了专用的绘图教室，约占面积1600方呎（约合148平方米）。委托中国营造学社定做了数具中国古建筑模型，供研习古建精妙。

1933 年

1933届学生黄钟琳在上学期间及毕业后，在上海出版的《建筑月刊》上发表数篇专业文章，初露才华。

6月 李汶、黄钟琳、王团宇、李彝儒、殷之澜、苏学宽、徐世汉、朱颖卓、杨锦芳、黄有纶、魏振华、贺书林、陆曾明等建筑门第一届13人毕业，为中国最早的一批建筑学专业人才。

1934 年

7月 6名建筑门学生华国英、杨涛、蔡维城、宋镜清、冯思贤、周弁毕业。

1935 年

7月 4名建筑门学生唐庚尧、袁国荫、竺宜昌、万绳峪毕业。

1937 年

2月7日 中国营造学社在北平举办建筑展览最后一日，建筑门吴华庆等10人赴北平参观，梁思成先生亲自讲解。为方便唐院同学翌日继续参观，营造学社特延期展览一天。

7月 6名建筑门学生刘邦闻、雷邦璟、吴华庆、常中祥、区荫昌、刘宝善毕业。吴华庆在重庆自办建筑师事务所，后留学美国专攻照明，新中国成立后参与创办北京建筑工程学校，负责北京人民大会堂的照明设计，在清华大学建筑系兼任副教授，被称为我国建筑照明的奠基人。

7月17日"七七"卢沟桥事变爆发后，唐山沦陷，学校被日本军占领。

12月15日 学校在湖南湘潭湘黔铁路局所在地自行临时复课。

1938 年

2月 教育部同意学校在湘潭复校，聘请茅以升为代理院长。

5月 学校迁往湘乡杨家滩。

1939 年	学校对相关教学计划做出部分调整。所有土木系学生前三年学习11门建筑工程范畴的课程，第四学年要求学习都市计划、钢骨混凝土房屋设计等11门专业技术课，同时设置了一个包括铁道、结构、建筑等专业方向的"课程库"，由学生选择修读。 1月　学校迁往贵州省平越县（今福泉市），在偏僻小城坚持办学。
1941 年	7月　学生佘畯南毕业，后于1944年回母校担任讲师。他一生从事建筑创作，设计了广州白天鹅宾馆和大量中国驻外使馆建筑，为中国著名建筑师、岭南派建筑的代表人物之一。
1942 年	2月　学校更名为国立交通大学贵州分校。 8月　胡树楫教授由同济大学转任交通大学贵州分校，讲授公路、给水工程、都市计划、卫生工程等课程。
1945 年	2月　学校迁四川璧山县丁家坳（今重庆市璧山区丁家街道）。
1946 年	抗战期间学校培养出不少杰出建筑人才，包括建筑设计大师、中国工程院院士佘畯南（1941届），市政建筑专家麦保曾（1941届），侨美桥梁、建筑专家张馥葵（1942届），侨美建筑专家杨裕球（1943届），台湾国际工程公司董事长、建筑专家张溥基，台湾海基会副董事长、建筑专家王章清（1944届）、旅美建筑师黄匡原（1945届）等。 4月4日　国民政府教育部令交通大学贵州分校结束办学，唐山工程学院改称国立唐山工学院、北平铁道管理学院改称国立北平铁道管理学院，各自回迁，均独立建制，直属于教育部。 6月　经教育部同意，学校增设建筑工程学系，林炳贤教授任首任系主任，主持修订了大学本科4年的教学计划。与以前建筑学门相比，课程设置有了大幅调整，建立了更为完整、科学的教学体系。与此同时，参照学校原有模式，在土木系第四学年仍分设铁道组、构造组、水利组、市政卫生组和建筑组，以便保持建筑学教育的延续性。 9月　建筑系在上海、天津、唐山三地共招收新生22名。 10月　学校从四川璧山复员返回唐山。建筑系新生入学。
1947 年	暑期　建筑系在唐山、北平、上海、广州、武汉等地招生约30人。
1948 年	暑期　建筑系录取新生约15名。 10月　因局势动荡，学校大部分师生南下上海、江西。系主任林炳贤辞职，前中央大学建筑系主任刘福泰先生来唐山主持建筑系，并南下上海。

1949 年	3月　学校在上海借上海交大新文治堂恢复上课。刘福泰主任约请建筑师宗国栋来校教建筑设计，留学美国耶鲁大学艺术学院的王挺琦来校担任素描、水彩课程。在上海时建筑系有二年级和三年级两个年级，人数不多。
	7月8日　中国人民军事委员会铁道部决定将原国立唐山工学院、国立北平铁道管理学院以及华北交通学院三校合并，组建中国交通大学，下辖唐山工学院、北平管理学院，隶属于军委铁道部。唐振绪任唐山工学院院务委员会主任委员。
	8月　学校在平沪汉唐四地招生，建筑系计划招收40名。
	10月　新中国成立后学校正式上课。由于早前课程严重耽搁，学校决定二、三、四年级均推迟一年毕业，此时建筑系有三个年级。刘福泰主任相继延揽戴志昂教授、卢绳讲师、包伯瑜讲师、陈家墀助教、沈狱松助教、沈左尧助教来校。
1950 年	5月　建筑系学生增至45人，分设设计与结构两组；建立了崭新的绘图室、素描室。建筑系相继组建成立建筑设计、营造、建筑理论、劳美等4个教研组。
	7月　建筑系二、三年级学生约20人由教授戴志昂等率领，赴东北实习一个半月。内容包括在山海关至沈阳、沈阳至大连间沿线依据计划做调查研究工作，主要是铁路车站建筑设计。
	8月　学校参加华北区17个专科以上院校组织的联合招生，建筑系招收彭一刚等新生50名，当年实际入学学生有30名。
	8月27日　经中央人民政府政务院第四十六次政务会议通过，提请中央人民政府委员会批准，中国交通大学改名为北方交通大学，由铁道部直接领导，唐、京两院依旧。茅以升、金士宣继续分任正、副校长。
	9月　新学年开学，原中央大学知名教授徐中来校担任建筑系教授。刚从美国学成归国的沈玉麟讲师、庄涛声讲师来建筑系任教，同时聘请樊明体副教授、张建关讲师、孙恩华讲师担任专业课程教学。建筑系教师队伍实力大增，多数教师具有学院派教育背景，建筑系的教学思想也由注重"工程"开始转向"工程及艺术"并重的教学体系。
1951 年	5月　铁道部下令将建筑系四年级的8名学生及教师抽调到北京，承担京院新校址全部新校舍的设计工作。徐中教授任北方交通大学建筑工程司负责人，建筑系8名学生与建筑设计教师徐中、沈玉麟、庄涛声、童鹤龄、郑谦以及结构方面的教师等分工负责各项工程设计。新校舍总平面由徐中负责。
	6月　截至该月，学校1950年度建筑系共有5个班，学生人数66人。

7月　建筑系1951届何广麟、王季能、周祖奭、陈靖、沈承福、周心恺、吴桃恺等7人毕业。何广麟、周祖奭、沈承福留系任教。

10月　经教育部马叙伦部长批准，唐院建筑系移设北京，包括徐中等教师15人，四个年级的学生约100人。划赴京院的教师有教授徐中、刘福泰、戴志昂，副教授宗国栋、沈玉麟、张建关、卢绳，讲师樊明体、庄涛声、朱耀慈，助教郑谦、童鹤龄、何广麟、周祖奭、沈承福。

1952 年	8月　全国院系调整全面展开。原唐院建筑工程系，包括全部教师及学生整体由北京调至天津大学，成为今天天津大学建筑学院初始组建的主要力量。徐中教授后来担任天津大学建筑系主任近30年，唐山工学院建筑系1951届毕业的周祖奭、何广麟、沈承福，1950年在唐院入学、1953年在天津大学提前毕业的彭一刚、胡德君、沈天行、屈浩然等优秀毕业生，最后都留在天津大学建筑系任教，周祖奭、胡德君后来分别担任过天津大学建筑系主任，彭一刚现为天津大学建筑学院名誉院长。他们为天津大学的建筑学教育做出了重要贡献。
1954 年	铁道建筑系下设铁道房屋教研组，李汶教授任副组长、次年任主任，助教有胡德隆（兼组秘书）、谢琼、朱伯泉、刘洞庭、姚富洲、徐国健、张必恭（1955年任秘书）和席德陵。
1956 年	5月　学校对5年制专业设置进行调整，铁道建筑专业分设铁道房屋建筑专门化和铁道给水与排水专门化。
1957 年	3月　高等教育部同意学校在桥梁隧道系增设工业与民用建筑专业。
1958 年	8月　经过一年多的筹备，工业与民用建筑专业开始招收新生。桥隧系另设的建筑结构与施工专业，于1961年招生后又很快下马。
1962 年	截至本年度在建筑学教研室担任职务和任课的教师有李汶、赵蕙斌、姚富洲、宛素琴、朱伯泉、刘宝箴、刘予余、胡德隆、周可仁。
1970 年	相继在建筑学教研室工作的有陈大乾、樊钟琴、杨季美、方晓明、魏国富等人。
1971 年	10月　交通部决定学校唐山部分全部搬迁峨眉（交通部、铁道部业已合并成立新交通部）。
1972 年	3月1日　交通部决定，唐山铁道学院改名为西南交通大学。当年秋季开始招收工农兵学员。
1975 年	1月26日　铁道部恢复办公后学校名称为铁道部西南交通大学。
1977 年	11月　学校恢复教研室活动，教育教学工作逐步回归正轨。恢复高考后的77级中，学校有11个专业，共录取新生521人。

1983 年   7月 经铁道部批准，学校设土木工程系、航测及工程地质系、机车车辆系、机械工程系、电气工程及计算机科学系、运输工程系、数理力学系。土木工程系恢复重建，下设铁道工程、铁道桥梁、隧道及地下工程、工业与民用建筑4个专业。

1984 年   5月9日 国家计委下达〔1984〕847号文件，批准铁道部《关于在成都扩建西南交通大学总校》的报告。

5月14日 西南交通大学成都总校总体规划设计方案评选会举行，评委会由11位我国建筑规划界知名专家和学者组成，四川省建筑学会理事长徐尚志任主任，建设部规划局总工程师郑孝燮校友、四川省城乡建设厅副厅长郭兴邦、西南交大建筑系教授李汶任副主任，清华大学建筑系主任李道增、广州市设计院总建筑师佘畯南校友等为委员。

10月 学校提出要把我校办成以工为主，工、理、管、文相结合的，具有现代化水平的万人规模的综合性重点大学。当年，学校新成立了社会科学系、管理工程系。

1985 年   5月 经铁道部、教育部批准，同意学校于当年恢复招收建筑学专业本科学生，学制4年。

7月 刚刚恢复办学的建筑学专业开始从峨眉前往成都。

9月 1985级建筑学专业19名新生在成都分部报到入学，揭开了西南交通大学建筑学教育的新篇章。

1986 年   1月29日 校长、党委副书记沈大元主持召开校党委常委和第三次校长办公会，同意将土木系建筑学专业划出恢复设置建筑系。

3月8日 西南交通大学任命刘宝箴任建筑系系主任，郭文祥任直属党支部书记。

4月28日 建筑系恢复成立大会在峨眉举行。

1987 年   建设部举办"中国'七五'城镇住宅设计方案竞赛"，全国近万名建筑师和专家投入这一活动，提出设计方案近5000个。建筑系青年教师周建华获得此次竞赛二等奖。

1月5日 建筑系李汶教授荣获四川省人民政府颁发的"从事科技工作五十年荣誉证书"。

1988 年   建筑系按照学校安排，招收建筑学专业大专班一届，学制3年。

4月14日 建筑系李汶教授受到中国建筑学会表彰。

9月 全校新生在成都总校开学。至1989年，学校各部门陆续完成迁蓉。新建成的成都总校办学条件大大改善，成为建筑学专业办学水平进一步提高的有力保障。

9月　在恢复招生的建筑学专业第一届本科生毕业当年，建筑系开始研究生培养的尝试，首批招收研究生2名，由时任西南建筑设计研究院总建筑师徐尚志先生和刘宝箴教授共同指导。

1991 年	学校报经国家教委和铁道部批准，将建筑学专业本科由4年制改为5年制，成为当时国内较早实行建筑学专业5年制教育的学校之一。

5月　建筑系举行庆祝建校95周年、复系5周年学术活动，佘畯南、彭一刚等著名校友出席，并分别给学生们开设讲座。

1992 年	美国耶鲁大学建筑教育家邬劲旅教授来校讲学，并受聘为顾问教授。

1994 年	为满足日益增长的建筑设计人才需求，建筑系受学校成人教育学院委托，陆续招收了3届成教大专班学生，每届1个班。

3月　刘宝箴教授退休，陈大乾教授接任系主任。

10月9日　建筑学1991级本科生魏奕波在指导教师陈大乾、郁林、张先进等指导下完成的建筑设计参赛作品，首次入围全国大学生建筑设计竞赛，获得三等奖。

1995 年	校友彭一刚当选中国科学院院士。

5月23日　国际建协第三届城市住宅设计竞赛暨第六届国际大学生建筑设计竞赛揭晓，此次竞赛共设4个最高奖和11个荣誉奖。建筑学1992级李燕宁、胡菊在讲师陈斌指导下设计的西藏拉萨住宅区的改造方案——《雪域方舟》获荣誉奖。

7月5日　在北海市人民政府举办的北海大学总体规划设计方案竞赛中，建筑系1991级本科生陈海燕、魏亦波和廖彬在教师方维佳的指导下完成的总体规划设计方案，荣获参赛作品二等奖。

1996 年	经上级批准，西南交通大学设立建筑设计及其理论硕士点，全面开展建筑学科硕士研究生的培养工作，建成了建筑学专业为中心的多层次的人才培养体系。

根据《全国高校建筑学专业指导委员会五年制教学计划意见稿》，以对学生专业知识结构、专业素质和职业能力培养质量的衡量为标准，建筑系修订了建筑学专业教学计划，全面开始评估筹备工作。

学校安排美术教研室调出建筑系。

为适应社会发展需求，建筑系着手建立城市规划专业，学校报主管部门并获批准。

5月16日　为庆祝西南交通大学百年华诞，建筑系举行百年校庆学术报告会。

9月　建筑学本科每年招生规模扩大到2个班，每届50～60人。

10月　建筑系自办师生学术刊物——《方圆》创刊。

1997 年	城市规划专业正式招生，学制为5年。
	西南交通大学向全国高等学校建筑学专业评估委员会提交参加建筑学专业本科教育评估的申请报告。同年，申请报告获得批准。
	11月　1941届校友佘畯南当选中国工程院院士。
	11月4日　时任中共中央政治局常委、国务院副总理的李岚清同志来学校视察。在观看学校校史展览时，从照片上认出李汶教授正是他以前的高中老师。视察工作结束后，李岚清立刻登门拜访了李汶教授。
1998 年	4月　全国高等学校建筑学专业评估委员会评估视察组对西南交通大学建筑学专业本科教育开展首次评估视察。
	5月　全国高等学校建筑学专业评估委员会全体会议表决，西南交通大学建筑学专业本科教育有条件通过评估，有效期4年，并须在2000年接受中期检查。
1999 年	通过学校引进人才政策，赵洪宇老师和沈中伟老师来校任教，成为建筑系第一批引进人才。
2000 年	开始招收建筑与土木工程专业工程硕士。
	5月　全国高等学校建筑学专业评估委员会专家对建筑学本科教育工作开展评估中期检查，一致认为满足评估要求条件，同意西南交通大学继续获得评估通过资格。
	6月　季富政教授主持的国家自然科学基金项目《三峡库区古镇形态研究及利用》（批准号：59978042）获得立项，实现了我校建筑学科国家自然科学基金项目零的突破。
	8月　全国第六次建筑与文化学术研讨会在西南交通大学成功举行。
2001 年	4月10日　学校下发西交校人〔2000〕6号《西南交通大学关于同意建筑系成立建筑与环境设计研究所（西南交通大学建筑勘察设计研究院建筑分院）的通知》，新成立的设计平台由建筑系主管，对外亦采用"成都西南交大城市规划景观建筑设计院"的名称。
2002 年	西南交通大学开始招收建筑学专业（景观建筑学方向）本科生。
	建筑学院开始承担对口支援西藏大学工学院建立建筑学专业的任务。在自身师资依然紧张的情况下，每学年派驻教师完成教学任务，并为其持续培养师资，为我国民族教育事业做出了积极贡献。经过几年持续的支援建设，实现了西藏地区城市建筑教育零的突破。
	受四川省建设厅委托，建筑学院从本年起连续3年承担四川省一级注册建筑师考试和培训工作，参培参考人员超过3000人次，有力服务于地方经济建设。

4月5日　学校研究决定，建筑系变更为建筑学院；并下发西交校人〔2002〕10号"西南交通大学关于成立西南交通大学建筑学院的通知"，正式组建建筑学院领导班子，邱建教授任院长，徐福娥任分党委书记。

5月　建筑学本科教育无条件通过全国建筑学本科专业教育评估，有效期4年。

6月　反映建筑学子学习生活点滴的学生刊物——《步行街》发刊。

2003 年

经教育部批准，西南交通大学设立全国首个目录外景观专业"景观建筑设计"。自此，西南交通大学建筑教育的本科招生，达到每学年建筑学3个班，城市规划和景观建筑设计各1个班，全年级合计120～150人的办学规模。

按学校安排，建筑学院招收成人教育建筑学专业专升本班一届。该班9月开学，2005年5月毕业。

4月　教育部批准我校在土木工程一级学科下自主设置景观工程（2012年改称工程环境与景观）博士学位点和硕士学位点。

11月　建筑学院网站1.0版上线运行，开辟了学院宣传和信息工作的新局面。

12月　建筑历史与理论、城市规划与设计硕士点获得批准，并从2004年开始招生。

2004 年

景观工程博士学位点和硕士学位点同时开始招生。景观工程博士学位点的设立，一举实现了西南交通大学建筑教育从本科到博士全部培养层次的建立。

建筑设计及其理论硕士点被评为四川省重点学科。

全部由建筑学院学生独立完成开发建设的建筑学院网站2.0版、2.1版相继上线运行，优秀的界面设计和丰富的功能得到用户充分可定。

6月　建筑学硕士研究生教育评估顺利通过，有效期4年。自此，西南交通大学在四川省率先成为具备建筑学专业学士、硕士学位授予权的单位。直至2015年为止，也是四川省内唯一的建筑学专业学位授予单位。

8月　全国高等学校建筑学专业指导委员会委员工作会议暨第三届全国大学生建筑设计作业观摩与评选活动、全国高等学校建筑学专业院长（系主任）大会先后在西南交通大学成功举办。

12月　建设部人事教育司召开"全国高校景观学专业教学研讨会"，成立以清华大学、北京大学、同济大学、西南交通大学、北京林业大学5所高校牵头的全国景观学专业教学指导委员会筹备小组。

2005 年	建筑技术科学硕士点获得批准，并于同年开始招生。自此，西南交通大学研究生教育建筑学一级学科下的4个硕士学位点设置完整。

2005 年

建筑技术科学硕士点获得批准，并于同年开始招生。自此，西南交通大学研究生教育建筑学一级学科下的4个硕士学位点设置完整。

沈中伟教授当选全国高等学校建筑学科专业指导委员会委员，邱建教授当选全国高等学校城市规划专业指导委员会委员（后由毕凌岚教授接任）。

学校从本年始相继聘请何镜堂、吴硕贤、刘加平3位院士为名誉教授，聘请秦佑国、鲍家声等一批知名学者为顾问教授或兼职教授。

为推动学校多学科发展，以建筑学院为主体，以旅游学院为办学实施单位，申报设立了园林植物与观赏园艺二级学科硕士点。由于学校学科调整，撤销旅游学院，该硕士点以及与之关联的森林资源保护与游憩本科专业于2008年调整进入建筑学院。

建筑设计及其理论专业2002级硕士研究生冯月的作品《成都市无障碍环境调查研究》，获第九届"挑战杯"全国大学生课外学术科技作品竞赛二等奖，这是学校在该赛事中取得的最好成绩。

建筑学院继续发挥学科优势，进一步加大对西藏大学建筑学科的支援力度。在逐步完善藏大建筑学专业建设的基础上，支持帮助西藏大学开设了城乡规划专业，累计派驻援藏教师十余人次、完成课程40余门次。

学校决定在犀浦校区建设专供建筑学院、艺术与传播学院使用的8号教学楼，建筑面积30000平方米。建筑学院组织专业教师开始建筑馆方案设计。经多轮方案比选，确定了实施方案。该教学楼于2007年开工建设，2009年全面落成。

2006 年

5月 建筑学专业本科教育评估再次顺利获得通过。

5月 城市规划专业首次参加全国城市规划专业本科教育评估，获得顺利通过。

9月 建筑学院领导班子换届，沈中伟教授任院长，杨坤丽任分党委书记。

10月 建筑学院主办的2006绿色建筑学术研讨会在西南交通大学成功举行。

10月 四川省建筑师学会理事会第四届第四次会员代表大会暨学术年会在西南交通大学成功举行。

11月 新视野中的乡土建筑——首届西南地区乡土建筑研讨会在西南交通大学建筑学院成功举行。

2007 年

建筑学专业被评为四川省特色专业。

6月 建筑学院承办的第七届全国建筑环境与节能学术会议在西南交通大学成功举行。

6月 《成都市城市中心区域建筑立面设计导则》由西南交通大学建筑学院编写完成并投入建设管理应用。

9月 中国建筑西南设计研究院西南交通大学建筑学院实习基地正式揭牌。

10月 建筑学院主办的"可持续发展下的城市与建筑论坛"在西南交通大学成功举行。

2008年

全国建筑学专业硕士研究生教育研讨会、中国建筑学会建筑师分会建筑学组四届三次学术年会暨教育建筑灾后重建学术研讨会在西南交通大学建筑学院成功举行。

沈中伟教授带领的建筑学院设计团队获铁道部成都铁路枢纽新成都站设计国际竞赛并列第一名。云南省重点建设工程项目大丽铁路新丽江站，作为第一名中标方案，后于2011年8月建成投入使用。

沈中伟教授带领的研究团队，成功获得铁道部京沪高速铁路科技重大专项"京沪高速铁路综合景观设计研究"立项之后，交通建筑及其规划与景观团队的一系列国家级、省部级重大科研项目相继立项，并取得丰硕研究成果，为21世纪我国轨道交通客站建筑和综合景观设计提供了行业标准制定参考和重要决策依据。

5月12日 建筑学硕士学位研究生教育评估视察过程中恰逢发生"5·12"大地震，评估视察组专家和建筑学院师生坚持完成了评估视察工作。西南交通大学建筑学硕士学位研究生教育再次获得通过。

"5·12"大地震发生后，建筑学院师生在国内外同仁的热情支持下，广泛开展震后重建的学术研究，积极参与灾后重建的规划与设计。作为离震中最近、受地震影响最大的建筑学科人才培养与科学研究基地，举办了大型国际灾后重建学术交流活动近20场，直接参与灾后重建规划设计项目60余项。

5月17日 四川汶川发生8.0级大地震造成严重伤亡，也给地处震区的西南交通大学及建筑学院全体师生带来非常沉重的影响。时任教育部副部长的袁贵仁同志在学校视察时，专门到建筑学院学生安置点慰问学院师生。

8月 建筑学院教师与日本著名建筑师坂茂先生开展为期近2个月的合作，期间带领建筑学院与日本庆应大学的志愿者，成功搭建了华林小学灾后应急纸管教室，引起社会的广泛关注与好评。

10月 建筑设计及其理论专业被评为四川省重点学科。

10月 西南交通大学建筑学院沈中伟教授等完成的"注重创新能力培养，突出职业教育，全面提高人才培养质量"教改课题获四川省教学成果二等奖。

11月 建筑学院成功承办"重建精神家园——汶川大地震都江堰纪念馆设计"国际设计竞赛,吸引了来自中国、美国、日本、印度等近20个国家与地区学生的千余件设计作品,给师生创造了学习交流的良好机会。

2009 年

建筑学专业成为西南交通大学首批7个国家级特色专业之一。

沈中伟教授当选全国高等学校建筑学专业教育评估委员会委员,同时担任中国建筑学会理事和中国建筑学会建筑教育评估分会理事。

5月 建筑学院承办的"灾后景观恢复与重建"中、法景观国际论坛在西南交通大学成功举行。

7月 按学校统一部署,建筑学院整建制向犀浦校区搬迁。

9月 建筑学院新学年各项教学和行政工作都在犀浦校区顺利开启,是第一批迁入犀浦校区的研究生培养单位之一。

11月 王蔚教授主持设计的成都草堂小学翠微校区设计获得第五届中国建筑学会建筑创作奖佳作奖。

2010 年

经教育部批准,学校获得风景园林硕士专业学位授权点。

国家开始实施"卓越工程师教育培养计划"(简称"卓越计划"),西南交通大学建筑学专业成为全国首批"卓越计划"培养专业之一。

5月 建筑学专业本科教育评估再次获顺利通过。

5月 城市规划专业在本科教育评估取得优秀通过,有效期6年。

2011 年

建筑学2008级本科生阎柳等同学的参赛作品《城市河流生态景观的可持续规划研究——以成都府南河为例》,获第十二届"挑战杯"全国大学生课外学术科技作品竞赛三等奖。

7月 建筑学院承办的中、日、美"可持续建成环境"国际论坛在西南交通大学成功举行。

10月 成都双年展·国际建筑展"田园/城市/建筑——'兴城杯'高校学生设计国际竞赛"在西南交通大学建筑学院成功举行。

2012 年

"适应成都气候的地源热泵关键技术与配套产品研究"获得四川省科技成果三等奖。

5月17日 欧特克软件(中国)有限公司(Autodesk)与建筑学院签署合作备忘录,在建筑学院建设Autodesk设计与创新软件教学中心和示范实验室,共同推动先进数字化建筑设计技术发展以及建筑信息模型(BIM)在教育领域的发展应用。

6月 建筑学院承办的第四届中华创新与创业论坛"天府新区绿色建筑和宜居环境"分论坛在西南交通大学成功举办。

7月　建筑学院首次与美国俄克拉何马州立大学成功联合举办"暑期殿堂"游学活动。自此，与该校及意大利罗马大学、日本名古屋大学等学校联合举行的暑期学校项目成为学生国际化专业成长的品牌活动。

7月　建筑学院与美国俄克拉何马州立大学联合制定风景园林专业"2+3"联合培养方案，多批"2+3"联合培养学生赴美就读。

9月　根据四川省国家外专局文件通知（川外专发〔2012〕31号），建筑学院邀请谷口元教授来校任教获得国家外国专家局2012年度"高端外国专家项目"支持。

| 2013年 | 建筑学院逐步将原有的"院–所"两级管理机制改变为更符合学术运行的"院–系"两级管理机制，调整原各专业所为学科系，明确各系与对应一级学科的建设责任关系。至2015年，风景园林系、城乡规划系和建筑学系均完成了调整设置。 |

"高速铁路综合景观设计研究"课题获中国铁道学会2013年度科学技术奖。

3月　建筑学院与美国俄克拉何马州立大学联合制定了建筑学专业"2+3"联合培养方案，多批"2+3"联合培养学生赴美就读。

4月20日　四川省雅安市芦山县发生7.0级大地震，建筑学院迅即再次投入抗震救灾和灾后重建的工作中，向灾区派出专家团队，与相关政府部门和科研单位密切配合，参与应急安置、灾损评估和重建规划设计。

6月　第十二届全国高等院校建筑与环境设计专业美术教学研讨会在西南交通大学建筑学院成功举行。

6月　第一届西南地区建筑类院校教育联盟年会在西南交通大学建筑学院成功举行。

| 2014年 | 建筑学院申请参加建筑学专业本科、研究生教育评估均获得双优通过，西南交通大学成为全国仅有的16所本、硕双双通过7年有效期评估的院校之一。 |

城市规划专业硕士研究生评估顺利通过，西南交通大学获得城市规划硕士专业学位授予权。建筑学院建立了完整的建筑学硕士、城市规划硕士、风景园林硕士专业学位研究生教育体系。

4月　西南交通大学建筑学院首届"建造节"活动成功举办，为期两个月，成为激发学生创新创造能力、促进国际和校际交流的优秀品牌活动。

7月　西南交通大学—四川省住房与城乡建设厅战略合作共建签约仪式在建筑学院举行，双方签署框架协议合作文件，建立高水平合作关系。

7月　西南交通大学—中国建筑西南设计研究院有限公司合作共建西南交通大学建筑学院签约仪式在建筑学院举行。

7月　建筑学院引进沈青教授作为学院的海外院长，给学院在人才和国际化等方面带来有力的支撑，进一步推动建筑学院的高端人才引进，并促进提升学院在国际学术领域的影响。

9月　建筑学院承担了西藏大学建筑学、城乡规划专业的在西南交通大学2个班的驻校教学任务。

11月　"WACA·十年：世界华人理想家园"世界华人建筑师协会年会在西南交通大学建筑学院成功举行。

2015年	建筑学院获得国家自认科学基金和国家社会科学基金项目7项，位居全国建筑院校前列。

师资队伍建设取得四川省千人计划1名，西南交通大学首批雏鹰学者2名。

1月　建筑学院承办的中国国家自然科学基金委员会与英国工程与自然科学研究理事会"低碳城市"领域双边研讨会，在成都成功举行。

由学校统筹组织，建筑学院、材料学院、机械学院、交大硅谷科技协同申报了绿色人居环境控制与建筑节能四川省工程实验室，正式获得四川省批准设立。

3月　建筑学院新媒体正式上线，受到社会各界，特别是学生和家长的高度评价。

7月　尼泊尔4月25日发生8.1级地震后，文化遗产震毁严重。建筑学院与尼泊尔特里布文大学开展学术交流，结合在历次灾后重建中的实践和研究积累，就历史遗产的震后恢复和保护开展联合研究。

7月　学校决定将原隶属于艺术与传播学院（同时撤销）的设计学和美术学2个一级学科，3个教学系，4个本科专业，工业设计与工程二级学科博士点，以及相关实验室和研究机构，与原建筑学院合并，改革、重组为建筑与设计学院。

9月　全国高等学院城乡规划学科专业指导委员会年会在西南交通大学成功举行。

9月　交通大学建筑教育联盟成立，沈中伟教授任联盟首任主席。

9月1日　建筑与设计学院领导班子宣布大会于犀浦校区学院学术报告厅召开，全体教师出席。校党委晏启鹏副书记代表学校党委宣布了学院的新的领导班子：沈中伟教授任建筑与设计学院院长、栗民同志任建筑与设计学院党委副书记（主持工作）。

10月　文化遗产与灾害对策国际学术论坛在建筑与设计学院成功举行。

11月　中国城市规划学会2015山地城乡规划学术委员会年会在西南交通大学建筑与设计学院成功举行。

12月　西南交通大学风景园林硕士专业学位研究生教育顺利通过了全国首轮风景园林硕士专业学位研究生培养体系完备性专项调研。至此，建筑类各专业学位点均已通过国家评估。

12月　第一届历史城镇与乡村建设研讨会暨西南交通大学建筑与设计学院青年学术委员会成立大会在西南交通大学举行。

12月　新常态下建筑学科办学特色探索座谈会暨交大建筑学专业恢复三十周年探讨会在西南交通大学成功举行。

2016 年	4月　西南交通大学学术委员会投票表决同意，建筑与设计学院设立建筑学一级学科博士点。建筑与设计学院全面建设完成了完整的学士、硕士、博士人才培养体系。

4月　建筑与设计学院召开第一次党员大会，选举产生了中共西南交通大学建筑与设计学院第一届委员会，栗民任书记。

4月　王建国院士受聘西南交通大学名誉教授。

4月　海峡两岸大学的校园学术研讨会由西南交通大学建筑与设计学院主办并成功举行。

5月　2016建筑与设计国际高峰论坛在西南交通大学120周年校庆前夕成功举办。

西南交通大学犀浦校区南校门

后记

2016年，西南交通大学迎来双甲子华诞，同时也是建筑系成立七十周年，恢复设立三十周年。是年，以建筑学一级学科博士点成功设立为标志，西南交通大学的建筑教育和建筑与设计学科群的发展，掀开了新的历史篇章。在这一特别的时间点上，深入研究和总结西南交通大学的建筑教育的百年历程，具有积极的现实意义。

西南（唐山）交通大学自清光绪二十二年（1896年）在山海关创建伊始，即对铁路公路、市政卫生、水利、建筑等领域的高等工程教育广有涵盖。在不断随时代进步，积极适应和满足社会需要的发展历程中，唐山交大建筑教育从开设相关专业课程，到分设学门、科系，其极具前瞻的创设动议与筹划，曲折繁复的创设经过，在我国早期建筑教育发展历程中留下了独具特色的印痕。建筑系成立于1946年，自1986年恢复设立以来，我校建筑与设计教育在发扬传承的基础上，凝练特色、提升水平、不断发展。进入21世纪，建筑与设计学院坚持学术强院，在人才培养、科学研究和服务社会等领域不断取得进步，办学水平持续提升。全院上下形成共识，坚持学术、艺术、技术相融合的办学理念，以"建筑进一流、设计强学科"为学科发展目标，充分发挥建筑学一级学科的引领作用，践行登峰计划，将建筑与设计学院建设成为一流的、有特色的高水平研究型学院。站在新的历史起点，回望西南（唐山）交通大学建筑教育的发展历程，汲取前辈智慧，总结发展经验，凝聚师生力量，坚定奋斗方向，对本书的编撰者和学院师生都会是一次深刻的教育。我们也衷心期望，本书能对关心中国建筑教育发展的读者们有所助益。

由于诸多原因，特别是历史文献资料的匮乏和能力所限，我们虽然作了种种努力，目前的稿本离我们的愿望尚有不小的差距。勉为其难，就算作是抛砖引玉的一次尝试，真心期待读者的批评指正。也希望将来再度深入发掘史料，以便修订完善。本书之"跨越三个世纪的西南（唐山）交通大学"部分取自西南交通大学官网；"西南（唐山）交通大学建筑教育"部分，1985年之前的内容由杨永琪撰稿，1985年至今的内容由周斯翔撰稿。

研究与写作中，我们也深受感动，老学长郑孝燮、何广麟、石学海、彭一刚、沈天行、屈浩然热情接待了我们，讲述了当年在学校学习建筑的往事，亲切的神情、鲜活的细节令人难忘；十分遗憾的是，不少当年唐山交大建筑教育的亲历者早已仙逝，有的因健康原因已经无法重温往昔；倍感欣慰的是，建筑门已故1933届老学长黄钟琳之女黄汇教授、1937届吴华庆之子吴国蔚教授向我们讲述了父辈的点点滴滴。庄俊之孙、庄涛声之子庄朴先生与我们多次电话交谈，并提供了庄俊老学长的珍贵史料。对此，我们心中一直涌动着感动和景仰。

这本书的编撰，得到了学校相关单位和兄弟院校的热情帮助。我们在收集资料的过程中，得到了西南交通大学档案馆、图书馆以及学校许多教师和校友们的宝贵而无私的支持，本书中的不少历史资料图片也是他们提供的；天津大学建筑学院为我们的采访进行了精心安排，并提供了珍贵的资料照片。诚挚地向他们表示感谢！

编撰团队的全体同仁，满怀热忱，为本书的成稿付出了辛苦的劳动。特别感谢杨永琪老师，精专于交大校史，钟情于建筑学科，将对母校的炽热情感和对建筑与设计学院的热情关注，投入到编撰过程中，给编撰团队的青年教师们树立了宝贵的榜样，也给予学院学科文化建设以积极的启发。

人们常常把历史喻作长河，回望西南（唐山）交通大学建筑教育的百年历程，长河漫漫，星光灿烂。先贤的探索与追寻，进展与挫折，令人扼腕，令人激赏，更催人奋进。教育也是前仆后继的航船，任凭激流险滩，目标只在远方，航行总当永远。